21世纪高等院校教材

生物化学实验指导

王冬梅　吕淑霞　王金胜　主编

科学出版社

北京

内 容 简 介

本书是在使用多年的实验讲义的基础上编写的，根据我们多年的教学、科研经验和兄弟院校的建议，对内容进行了必要的调整和修改，并补充了许多新的实验内容。在编写过程中力求做到简明、扼要、实用性强。

全书分为5章，精选了28个实验，除了生物化学的基础性实验外，还增加了有关酶分离纯化的综合性实验及基本的分子生物学实验。在附录中，主要介绍了实验室的安全防护知识、常用试剂和溶液的配制、常规仪器使用说明及常用数据列表等内容。

本书适合高等院校相关学科的本科生和研究生使用。

图书在版编目（CIP）数据

生物化学实验指导/王冬梅，吕淑霞，王金胜主编. —北京：科学出版社，2009

（21世纪高等院校教材）

ISBN 978-7-03-024271-6

Ⅰ. 生… Ⅱ. ①王…②吕…③王… Ⅲ. 生物化学-实验-高等学校-教材 Ⅳ. Q5-33

中国版本图书馆CIP数据核字（2009）第039004号

责任编辑：甄文全 张秀兰/责任校对：郑金红

责任印制：徐晓晨/封面设计：陈 敬

科学出版社出版

北京东黄城根北街16号

邮政编码：100717

http://www.sciencep.com

北京凌奇印刷有限责任公司印刷

科学出版社发行 各地新华书店经销

*

2009年3月第 一 版 开本：B5（720×1000）

2020年9月第八次印刷 印张：10

字数：196 000

定价：29.80 元

（如有印装质量问题，我社负责调换）

《生物化学实验指导》编写委员会

主编： 王冬梅（河北农业大学）
吕淑霞（沈阳农业大学）
王金胜（山西农业大学）

副主编： 侯春燕（河北农业大学）
汪晓峰（北京林业大学）
韩胜芳（河北农业大学）
李小娟（河北农业大学）

委　员：（按拼音排序）

陈　琰　窦世娟　侯名语　刘　刚
刘　娜　魏凤菊　于秀梅　张　洁

前　言

生物化学是当今生命科学研究领域中最为活跃的学科之一，生物化学的发展和深入与其实验技术的迅速发展密不可分。生物化学实验技术不仅是生物化学的重要内容和理论基础，也已成为生命科学研究领域中非常重要的研究手段，渗透到农业、医药、食品等各个方面。因此学习生物化学实验技术，掌握生物化学实验技术的基本原理和方法，不仅可以加强学生对生物化学基本理论的进一步理解，而且可以为以后的专业课学习以及生产、科研工作打下一个较为牢固的基础。

本书是在使用多年的实验讲义的基础上编写的，根据我们多年的教学、科研经验和兄弟院校的建议，对内容进行了必要的调整和修改，并补充了许多新的实验内容。

本教材主要侧重于训练学生的基本实验技能，使学生了解并掌握生物化学的基本实验方法。在编写过程中力求做到简明、扼要、实用性强。

本书分为5章，精选了28个实验，包括生物化学的基础性实验和综合性实验，还增加了部分分子生物学实验。通过本教材的学习，要求学生掌握蛋白质、酶、核酸、糖类及脂类的分离提取、定性鉴定或定量测定的方法；掌握分光光度法、层析、电泳、离心、透析等的基本原理及实验技术。在附录中，主要介绍了一些实验室的常规注意事项、缓冲液配制、仪器使用说明等，方便使用者查阅有关资料和数据。

由于我们的经验和水平有限，在本书编写过程中仍有不少仓促之处，有些实验内容尚需进一步充实完善，我们真诚希望广大读者在参考使用过程中不断向我们反馈对本书所提出的宝贵批评和建议，使本书臻趋完善。

编者

2009年11月

目　录

第一章 蛋 白 质

蛋白质是生物体中含量最高、功能最重要的生物大分子，为两性电解质，组成单位是氨基酸。不同蛋白质所含有氨基酸的种类和数目不同，具有不同的等电点。蛋白质在溶液中的带电状况主要取决于溶液的 pH。蛋白质分子在溶液中能形成稳定的胶体。大部分蛋白质均含有酪氨酸（Tyr）、色氨酸（Trp）和苯丙氨酸（Phe），这三种氨基酸在 280 nm 附近有特征性紫外吸收峰。此外，蛋白质能和很多试剂发生呈色反应，产生在某波长有特定光吸收的物质，利用这些性质可以对蛋白质进行定量测定。蛋白质特定的空间结构是行使生物学功能的基础。在某些理化因素下，蛋白质的空间结构被破坏而引起蛋白质的变性。

目前，以蛋白质的结构与功能为基础，从分子水平上认识生命现象，已经成为现代生物学发展的主要方向。要研究蛋白质的结构、性质和功能，通常需要从某一复杂的体系中分离纯化从而制备目的蛋白质。蛋白质制备涉及物理、化学和生物学等多方面的知识。

本章侧重于蛋白质化学领域的一些基础训练，通过学习使同学们掌握蛋白质化学的基本实验技术，为以后从事相关的科学研究打下基础。

实验一　氨基酸的纸层析法

一、目的

色层分析法已广泛用于氨基酸、核酸、激素、维生素、糖类等物质的分离与分析。其优点是能够分离与分析在组成、结构及性质上极为相似的物质，并且设备简单、操作容易、样品用量少、结果也较准确。

本实验的目的在于掌握纸层析法的一般原理和操作技术。

二、原理

纸层析法是以滤纸作为支持物的分配层析法。分配层析是利用物质在两种互不相溶的溶剂中分配系数的不同达到分离的目的。通常用 α 表示分配系数。在一定条件下，一种物质在某溶剂系统中的分配系数是一个常数。

$$\alpha = \frac{\text{溶质在流动相的浓度}(C_L)}{\text{溶质在静止相的浓度}(C_S)}$$

本实验的层析溶剂由有机溶剂和水组成。由于滤纸纤维与水有较强的亲和力（纸上有很多—OH 基与水以氢键相连），吸附很多水分，一般达滤纸重的22%左右（其中约有 6%的水与纤维素结合成复合物），因此使这部分水的扩散作用降低形成静止相。而滤纸对有机溶剂的亲和力较弱，有机溶剂可以在滤纸中因毛细管作用自由流动，因此便形成了流动相。层析时，将滤纸一端浸入层析溶液中。有机溶剂连续不断地通过点有样品的原点处，其中的溶质因为本身分配系数的不同在两相间进行分配。分配过程为：一部分溶质随有机相移动离开原点而进入无溶质区，并重新分配，即一部分溶质从有机相又进入水相。随着有机相不断向前移动，溶质不断地在两相间进行可逆的分配，不断向前移动。各种物质在分配层析系统中两相间的分配系数不同，分配系数小的溶质在流动相中分配的数量少，移动的速率慢，所以各种溶质在层析过程中由于移动的速率不同便可以彼此分开。移动速率一般用 R_f 值表示：

$$R_f = \frac{\text{原点到层析点中心的距离}}{\text{原点到溶剂前沿的距离}}$$

各种化合物在恒定条件下，经层析后都有其一定的 R_f 值，也就是说在层析中有一定的位置。借此可以达到定性、分离、鉴别的目的。

R_f 值取决于很多因素，其中最主要的是所分离物质的分配系数。物质的分配系数是由以下因素决定的。

（1）物质极性的大小。水的极性很强，一般极性强的物质就容易进入水相，非极性的物质易进入有机溶剂中。例如，侧链含—OH、—NH_2 和—COOH 较多的氨基酸易分配在水相中，R_f 值较小；而含非极性基（如—CH_3）较多的物质其分子的极性降低，R_f 值增大。

（2）滤纸的质地以及为水分饱和的程度。滤纸的质地必须均一、纯净、厚薄适当，具有一定的机械强度，层析前应为水和有机溶剂的蒸气所饱和。

（3）溶剂的纯度、pH 和含水量。pH 和含水量改变可使氨基酸和层析溶剂极性改变，R_f 值也随之改变。

（4）层析的温度和时间。温度改变使溶剂中有机相的含水量改变，R_f 值也改变。当所有条件相同时，层析时间短，则 R_f 值小。

因此，在层析过程中，对以上影响 R_f 值的因素必须严格控制。

三、实验用品

（一）实验材料

在 25 ℃温箱中萌发 2～3 d 的绿豆芽。

（二）器皿

（1）恒温水浴锅 1 台。
（2）烘箱 1 个。
（3）电热吹风机 1 个。
（4）小型玻璃喷雾器 1 个。
（5）研钵 1 套，层析缸及培养皿 1 套。
（6）三角瓶 1 个、蒸发皿 1 个。
（7）量筒：10 mL×1。
（8）层析滤纸、剪刀、刀片、铅笔、尺子、玻璃棒、点样瓶及微量吸管（或标有刻度的毛细管）。

（三）试剂

（1）氨基酸标准溶液：浓度为 0.01 mol/L，溶于 10％的异丙醇中。
第一组：天冬氨酸、赖氨酸、苏氨酸、甲硫氨酸、亮氨酸。

第二组：鸟氨酸、甘氨酸、γ-氨基丁酸、缬氨酸。

第三组：谷氨酸、精氨酸、苯丙氨酸、组氨酸、脯氨酸。

第四组：酪氨酸、半胱氨酸、色氨酸、谷氨酰胺。

第五组：半胱氨酸、羟脯氨酸、异亮氨酸、瓜氨酸、天冬酰胺。

(2) 溶剂系统。

第一向：正丁醇∶甲酸∶水（15∶3∶2，$V/V/V$），摇匀后静置备用（新鲜配制）。

第二向：苯酚∶水（80∶20，m/m）。配制方法为：在分液漏斗中先定量加入少量无离子水，再加入一定量的新蒸馏的苯酚，根据苯酚量补足应加入的全部无离子水，这样可避免因苯酚的冷凝而造成的溶解困难。充分摇匀后静置备用。

(3) 无离子水：用于实验中各种试剂的配制。

(4) 10%的异丙醇：用于配制氨基酸标准液。

(5) 80%的乙醇：取分析乙醇以无离子水稀释。

(6) 0.25%的茚三酮显色液：称取0.25 g茚三酮，溶于100 mL丙酮中。

(7) 活性炭。

(8) 石英砂。

四、操作步骤

(一) 氨基酸的提取

取新鲜的绿豆芽下胚轴2 g，加入80%的乙醇10 mL，加入少量石英砂，在研钵中研磨成匀浆。移入三角瓶，用少量80%的乙醇淋洗研钵，一并移入三角瓶，加0.8 g活性炭，在沸水浴中加热煮沸1 min，取出冷却，用滤纸过滤，用少量80%的乙醇冲洗滤渣。滤液收集在蒸发皿中，在50～60 ℃水浴上蒸干。用1 mL 10%的异丙醇溶解，收集样液，准备点样。

(二) 滤纸的准备

单向层析滤纸：取28 cm×28 cm的层析滤纸一张，在对应的两边距每边2 cm处，用铅笔和直尺各划一条平行于纸边的直线，其中一条为溶剂前沿到达的标志，另一条为点样线。在点样线上每隔2 cm作一标记，记作五组标准氨基酸和样品的点样位置。

双向层析滤纸：取28 cm×28 cm的层析滤纸，在距每边2 cm处各划一条平行于纸边的直线，以“井”字格下缘直线左端交点为点样原点，原点右手方向为第一向，另一垂直方向为第二向。用一张做标准氨基酸图谱，另一张做样品图谱。

（三）层析

1. 点样

点样时选用微量吸管或标有刻度的毛细管（每小格 1 μL），分别在每个点样处精确点样 4 μL。必须在每一滴样品干后再点第二滴。为使样品快速干燥。可在有加热装置的点样台上进行，或用吹风机吹干，样点的直径以 2～3 mm 为宜，点样时温度不能过高，否则会破坏氨基酸。将点好样品的单向和双向层析滤纸均卷成筒形，在上、中、下三处系三道线，但滤纸两边缘不能接触。

为了消除盐酸的干扰，避免拖尾现象，可将层析滤纸放入盛有浓氨水的层析缸中熏 10 min，取出后在 45 ℃的烘箱中将氨驱净，再进行层析。在整个操作过程中，应戴上乳胶手套，以避免污染滤纸，同时防止空气中的氨。

2. 层析

本实验采用上行层析法。

（1）单向层析。取适当大小的层析缸一个，缸底放一个培养皿，向培养皿中注入第一向溶剂，液层厚约 1.5 cm，在培养皿上横放两根玻璃棒，取已经点好样品的单向层析纸将点样端朝下放在盛有层析溶剂的层析缸内的玻璃棒上，盖上盖子（滤纸勿与溶剂接触）。平衡 1 h，然后将滤纸放入层析溶剂中，注意点样点不能浸入溶剂，以免浸脱。将层析缸密封，这时溶剂沿滤纸上升，待溶剂前沿到达标记线时，立即取出，用吹风机的冷风吹干或在 45 ℃以下烘干，然后显色。

（2）双向层析。按上述单向层析的方法，将点好标准氨基酸和样品的双向层析滤纸分别用第一向溶剂进行上行层析，到达前沿标志线时立即取出用吹风机吹干溶剂，剪去溶剂前沿以外的部分，然后将纸转 90°角，以同样的方法用第二向溶剂进行上行层析，当溶剂前沿到达标志线时立即取出吹干或在 45 ℃以下烘干，进行显色。

3. 显色

将层析滤纸放在盛有 0.25％的茚三酮显色液的小瓷盘中浸润，最好不要超过前沿。用吹风机吹干溶剂后，放在 60～65 ℃的烘箱中烘 30 min 或用吹风机的热风吹，即能显出各种氨基酸的色斑。

为消除铵离子的影响，可在展开后的滤纸上喷上1%的氢氧化钾溶液，在60 ℃下保持15 min，以使全部氨挥发掉，再行显色。

五、结果与分析

单向层析。显色完毕后，用铅笔将各色斑的轮廓和中心点描绘出来，然后量出由原点至色斑中心点和溶剂前沿的距离，计算出各种已知和未知色斑的 R_f 值进行比较和鉴定。各种已知氨基酸顺序由指导教师提供。

双向层析。R_f 值由两个数值组成，即要在第一向和第二向层析中各计算一次，根据 R_f 值并借助各种氨基酸的特有颜色，分别与标准氨基酸对比，即可鉴定出为何种氨基酸，从而可知样品中所含氨基酸的种类。

六、附注

色素含量不高的植物样品，可不用活性炭处理。

七、思考题

分配层析中，影响 R_f 值的因素有哪些？

实验二 蛋白质的等电点测定和沉淀反应

一、目的

了解蛋白质的两性解离性质。学习测定蛋白质等电点的一种方法。加深对蛋白质胶体溶液稳定因素的认识。了解沉淀蛋白质的几种方法。

二、原理

蛋白质是两性电解质。在蛋白质溶液中存在下列平衡：

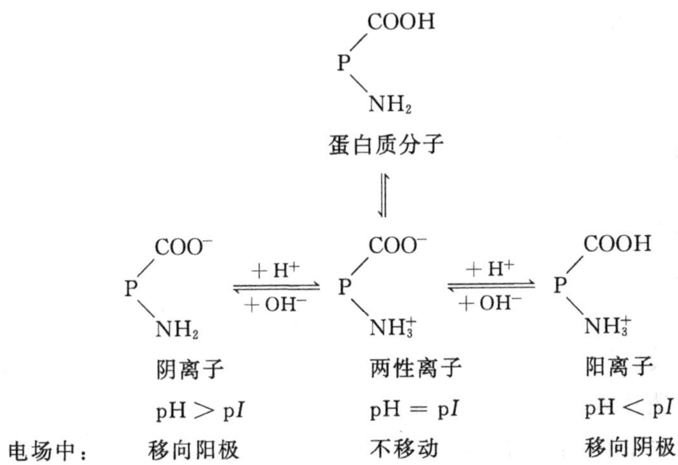

蛋白质分子的解离状态和解离程度受溶液的酸碱度影响。当溶液的 pH 达到一定数值时，蛋白质颗粒上正负电荷的数目相等，在电场中，蛋白质既不向阴极移动，也不向阳极移动，此时溶液的 pH 称为此种蛋白质的等电点（p*I*）。在等电点时，蛋白质的理化性质都有变化，可利用此性质测定各种蛋白质的等电点。最常用的方法是测其溶解度最低时溶液的 pH。

本实验通过观察酪蛋白在不同 pH 溶液中的溶解度以测定酪蛋白的等电点。用乙酸与乙酸钠配制各种不同 pH 的缓冲液。向各缓冲溶液中加入酪蛋白（用乙酸钠溶液配制）后，沉淀出现最多的缓冲液的 pH 即为酪蛋白的等电点。

在水溶液中的蛋白质分子由于表面形成水化层和双电层而成为稳定的亲水胶体颗粒，在一定的理化因素影响下，蛋白质颗粒可因失去电荷和脱水而沉淀。

蛋白质的沉淀反应可分为两类。

（1）可逆的沉淀反应。此时蛋白质分子的结构尚未发生显著变化，除去引起沉淀的因素后，沉淀的蛋白质仍能溶解于原来的溶剂中，并保持其天然性质而不变性。例如，大多数蛋白质的盐析作用或在低温下用乙醇（或丙酮）短时间作用于蛋白质。提纯蛋白质时，常利用此类反应。

（2）不可逆沉淀反应。此时蛋白质分子内部结构发生重大改变，蛋白质常变性而沉淀，不再溶于原来的溶剂中。例如，加热引起的蛋白质沉淀与凝固、蛋白质与重金属离子或某些有机酸的反应都属于此类。

蛋白质变性后，有时由于维持溶液稳定的条件仍然存在（如电荷），并不析出。因此变性蛋白质并不一定都表现为沉淀，而沉淀的蛋白质也未必都已变性。

三、实验用品

（一）实验材料

新鲜鸡蛋。

（二）器皿

（1）电子天平。
（2）水浴锅。
（3）温度计。
（4）研钵一套。
（5）吸管、洗耳球。
（6）试管：15 mL×11，试管架。
（7）移液管：1 mL×8，10 mL×1，0.1 mL×1，5 mL×1，2 mL×2。

（三）试剂

（1）0.4%的酪蛋白乙酸钠溶液：取 0.4 g 酪蛋白，加少量水在研钵中仔细地研磨，将所得的蛋白质胶悬液移入 200 mL 的锥形瓶内，用少量40～50 ℃的温水洗涤研钵，将洗涤液也移入锥形瓶内。加入 10 mL 1 mol/L 的乙酸钠溶液。把锥形瓶放入 50 ℃的水浴中，并小心地旋转锥形瓶，直到酪蛋白完全溶解为止。将锥形瓶内的溶液全部移到 200 mL 的容量瓶内，加水至刻度，塞紧瓶塞，混匀。

（2）1.0 mol/L 乙酸溶液：量取 5.9 mL 分析纯冰醋酸，加水定容至 100 mL。

（3）0.1 mol/L 乙酸溶液：量取 0.77 mL 分析纯冰醋酸，加水定容至 300 mL。

（4）0.01 mol/L 乙酸溶液：量取 5 mL 0.1 mol/L 的乙酸溶液，加水定容至

50 mL。

(5) 蛋白质溶液：5%的卵清蛋白溶液（称取 25 g 鸡卵清蛋白溶于 500 mL 水中，*m/V*）或鸡蛋清的水溶液（新鲜鸡蛋清：水=1：9)。

(6) pH 4.7 的 0.2 mol/L 乙酸-乙酸钠缓冲溶液：先配制 A 液和 B 液。A 液（0.2 mol/L 乙酸钠溶液）：称取乙酸钠（$NaAc \cdot 3H_2O$）2.72 g 溶于蒸馏水中，定容至 100mL。B 液（0.2 mol/L 乙酸溶液）：量取 1.2 mL 分析纯冰醋酸加水定容至 100mL。取 A 液 59 mL 和 B 液 41 mL 混匀即得 100 mL pH4.7 的乙酸-乙酸钠缓冲液。

(7) 3%的硝酸银溶液：称取 0.3g 硝酸银，加水溶解并定容至 10 mL。

(8) 5%的三氯乙酸溶液：称取 2.5 g 三氯乙酸，加水溶解并定容至 50 mL。

(9) 95%的乙醇（250 mL)。

(10) 饱和硫酸铵溶液：称取 $(NH_4)_2SO_4$ 200～215 g，以 50～80℃的蒸馏水 250 mL 溶解，搅拌 20 min，趁热过滤。冷却后以浓氨水调至 pH7.4。配制好的饱和硫酸铵溶液在瓶底应有结晶析出。

(11) 硫酸铵结晶粉末。

(12) 0.1 mol/L 的盐酸溶液：量取 2.7 mL 浓盐酸，缓慢加入 300 mL 水。

(13) 0.1 mol/L 的氢氧化钠溶液：称取 1.2 g 氢氧化钠，加水溶解并定容至 300 mL。

(14) 0.05 mol/L 的碳酸钠溶液：称取 1.59 g 无水碳酸钠，加水溶解并定容至 300 mL。

(15) 甲基红溶液：取甲基红 0.01g，加 0.05 mol/L 氢氧化钠 0.74 mL，使之溶解，再加水稀释至 20 mL，变色范围 pH 4.2～6.3（由红→黄）。

四、操作步骤

(一) 酪蛋白等电点的测定

(1) 取同样规格的试管 4 支，按下表顺序分别精确地加入各试剂，然后混匀。

试管号	蒸馏水/mL	0.01 mol/L 的乙酸/mL	0.1 mol/L 的乙酸/mL	1.0 mol/L 的乙酸/mL
1	8.4	0.6	—	—
2	8.7	—	0.3	—
3	8.0	—	1.0	—
4	7.4	—	—	1.6

(2) 向以上试管中各加入含有酪蛋白的乙酸钠溶液 1 mL，加完后立即摇匀。此时 1 号、2 号、3 号、4 号试管的 pH 依次为 5.9、5.5、4.7、3.5。观察其混浊度。静置 10 min 后，再观察其混浊度。混浊度最高的试管的 pH 即为酪蛋白的等电点。

(二) 蛋白质的沉淀及变性

1. 蛋白质的盐析

无机盐（硫酸铵、硫酸钠或氯化钠等）的浓溶液能析出蛋白质。盐的浓度不同，析出的蛋白质也不同。例如，球蛋白可在半饱和硫酸铵溶液中析出，而清蛋白则在饱和硫酸铵溶液中才能析出。

由盐析获得的蛋白质沉淀，当降低其盐类浓度时，又能再溶解，故蛋白质的盐析作用是可逆过程。

加蛋白质溶液 5 mL 于试管中，再加等量的饱和硫酸铵溶液，混匀后静置数分钟则析出球蛋白的沉淀。倒出少量混浊沉淀，加少量水，观察是否溶解，为什么？接下来将试管中内容物过滤，向滤液中添加硫酸铵结晶粉末直到其不再溶解为止。此时析出的沉淀为清蛋白。

取出部分清蛋白，加少量蒸馏水，观察沉淀的再溶解。

2. 重金属离子沉淀蛋白质

重金属离子与蛋白质结合成不溶于水的复合物。

取 1 支试管，加入蛋白质溶液 2 mL，再加 3%的硝酸银溶液 1～2 滴，振荡试管，有沉淀产生。放置片刻，倾去上清液，向沉淀中加入少量的水，沉淀是否溶解？

3. 某些有机酸沉淀蛋白质

取 1 支试管，加入蛋白质溶液 2 mL，再加入 1 mL 5%的三氯乙酸溶液，振荡试管，观察沉淀的生成。放置片刻倾出清液，向沉淀中加入少量水，观察沉淀是否溶解。

4. 有机溶剂沉淀蛋白质

取 1 支试管，加入 2 mL 蛋白质溶液，再加入 2 mL 95%的乙醇。观察沉淀的生成（如果沉淀不明显，再加少许 NaCl，混匀）。

5. 乙醇引起的变性与沉淀

取 3 支试管，编号。依下表顺序加入试剂。

试管号	蛋白质溶液/mL	0.1 mol/L 的氢氧化钠溶液/mL	0.1 mol/L 的盐酸溶液/mL	95%的乙醇/mL	pH 4.7 的乙酸-乙酸钠缓冲溶液/mL
1	1	—	—	1	1
2	1	1	—	1	—
3	1	—	1	1	—

振荡混匀后，观察各试管有何变化。放置片刻向各试管内加入水 8 mL，然后在第 2、第 3 号试管中各加一滴甲基红，再分别用 0.1 mol/L 的乙酸溶液及 0.05 mol/L 的碳酸钠溶液中和。观察各试管颜色的变化和沉淀的生成。每支试管再加 0.1 mol/L 的盐酸溶液数毫升，观察沉淀的再溶解。

五、结果与分析

解释上述各步骤发生的现象。

六、附注

等电点测定的实验要求各种试剂的浓度和加入量必须相当准确。

七、思考题

为什么蛋白质变性后不一定沉淀，而沉淀后也不一定变性？

实验三　考马斯亮蓝 G-250 法测定蛋白质含量

一、目的

学习和掌握考马斯亮蓝 G-250 测定蛋白质含量的原理和方法。

二、原理

考马斯亮蓝 G-250（Coomassie brilliant blue G-250）法测定蛋白质含量属于染料结合法。考马斯亮蓝 G-250 在游离状态下呈红色，最大光吸收在 465 nm；当它与蛋白质结合后变为青色，该结合物在 595 nm 波长下有最大光吸收。在一定蛋白质浓度范围内（0～1000 μg/mL），其光吸收值与蛋白质含量成正比，因此可用于蛋白质的定量测定。蛋白质与考马斯亮蓝 G-250 结合在 2 min 左右的时间内达到平衡，完成反应十分迅速；其结合物在室温下 1 h 内保持稳定。该法是 1976 年由 Bradford 建立的，试剂配制简单，操作简便快捷，反应非常灵敏，可测定微克级蛋白质的含量，是一种常用的对微量蛋白质进行快速测定的方法。

三、实验用品

（一）实验材料

新鲜绿豆芽。

（二）器皿

（1）分析天平、台式天平。
（2）分光光度计（722 型）。
（3）离心机。
（4）研钵 1 套。
（5）离心管：10 mL×1。
（6）刻度试管：10 mL×1 或量筒：10 mL×1。
（7）移液管：5 mL×1，2 mL×1，1 mL×2，0.1 mL×3。
（8）试管：10 mL×14，试管架，洗耳球。

（三）试剂

（1）牛血清白蛋白标准溶液：准确称取 100 mg 牛血清白蛋白，溶于 100 mL 蒸馏水中，即为 1000 μg/mL 的标准蛋白质溶液。

（2）考马斯亮蓝 G-250：称取 100 mg 考马斯亮蓝 G-250，溶于 50 mL 95％的乙醇中，加入 85％（m/V）的磷酸 100 mL，最后用蒸馏水定容到 1000 mL。此溶液在常温下可放置一个月。

四、操作步骤

（一）标准曲线制作

1. 0～100 μg/mL 标准曲线的制作

取 6 支 10 mL 的试管，按表 1.1 加入试剂，配制不同浓度的蛋白质标准液。

表 1.1　低浓度标准曲线的制作

试管号	1	2	3	4	5	6
1000 μg/mL 的标准蛋白质液/mL	0	0.02	0.04	0.06	0.08	0.10
蒸馏水/mL	1.00	0.98	0.96	0.94	0.92	0.90
蛋白质含量/μg	0	20	40	60	80	100
$OD_{595\ nm}$	—	—	—	—	—	—

另取 6 支 15 mL 的试管，从上述各试管中分别吸取 0.1 mL 溶液，加入 5 mL 考马斯亮蓝 G-250，充分混匀，放置 2 min 后用 1 cm 光径的比色杯在 595 nm 波长下比色，记录各试管测定的光密度值 $OD_{595\ nm}$，并作标准曲线。

2. 0～1000 μg/mL 标准曲线的制作

取 6 支 10 mL 的试管，按表 1.2 加入试剂。

表 1.2　高浓度标准曲线制作

试管号	1	2	3	4	5	6
1000 μg/mL 的标准蛋白质液/mL	0	0.2	0.4	0.6	0.8	1.0
蒸馏水/mL	1.00	0.8	0.6	0.4	0.2	0
蛋白质含量/μg	0	200	400	600	800	1000
$OD_{595\ nm}$	—	—	—	—	—	—

其余步骤同操作步骤 1，作出蛋白质浓度为 0～1000 μg/mL 的标准曲线。

（二）样品提取液中蛋白质浓度的测定

1. 待测样品制备

称取新鲜绿豆芽下胚轴 2 g 放入研钵中，加 2 mL 蒸馏水研磨成匀浆，转移到离心管中，再用 6 mL 蒸馏水分次洗涤研钵，洗涤液收集于同一离心管中，放置 0.5～1 h 以充分提取，然后在 4000 r/min 离心 20 min，弃去沉淀，上清液转入 10 mL 的刻度试管，并以蒸馏水定容至刻度，即得待测样品提取液。

2. 测定

另取 2 支 10 mL 的试管，分别吸取样品提取液 0.1 mL（至少重复一次），加入 5 mL 考马斯亮蓝 G-250 试剂，充分混合，放置 2 min 后用 1 cm 光径的比色杯在 595 nm 下比色，记录各管测定的光密度值 $OD_{595\ nm}$，并通过标准曲线查得待测样品提取液中蛋白质的含量 X（μg）。以标准曲线 1 号试管做空白。

五、结果与分析

按下式计算绿豆芽中的蛋白质含量：

$$\text{样品蛋白质含量} = \frac{X \times \dfrac{\text{提取液总体积(mL)}}{\text{测定时取样体积(mL)}}}{\text{样品鲜重(g)}}$$

式中，X 为在标准曲线上查得的蛋白质含量（μg）。

六、附注

（1）考马斯亮蓝 G-250 法由于染色方法简单迅速，干扰物质少，灵敏度高，现已广泛应用于蛋白质含量的测定。

（2）有些阳离子（如 K^+、Na^+、Mg^{2+}、NH_4^+）和有机溶剂（如乙醇等）存在时不干扰测定，但大量的去污剂（如 TritonX-100、SDS 等）存在时会严重干扰测定。

（3）蛋白质与考马斯亮蓝 G-250 结合的反应十分迅速，反应在 2 min 左右达到平衡，其结合物在室温下 1 h 内保持稳定。因此测定时，不可放置太长时间，否则将使测定结果偏低。

七、思考题

制作标准曲线及测定样品时，为什么要将各试管中的溶液充分混合？

实验四　紫外吸收法测定蛋白质含量

一、目的

学习紫外分光光度法测定蛋白质含量的原理。熟练掌握紫外分光光度计的使用方法。

二、原理

由于蛋白质中存在着含有共轭双键的酪氨酸、色氨酸和苯丙氨酸，因此蛋白质具有吸收紫外光的性质，其最大吸收峰在 280 nm 波长处。在此波长下，蛋白质溶液的光密度 $OD_{280\ nm}$与其浓度呈正比关系，因此可用于蛋白质含量的定量测定。

三、实验用品

（一）实验材料

待测蛋白质溶液。

（二）器皿

（1）紫外分光光度计。
（2）刻度吸量管。
（3）试管：15 mL×10，试管架，洗耳球。
（4）移液管：5 mL×2，1 mL×1。

（三）试剂

（1）牛血清白蛋白标准溶液：准确称取牛血清 白蛋白 100 mg，配制成浓度为 1000 μg/mL 的溶液 100 mL。

（2）待测蛋白质溶液：浓度为 1 mg/mL 左右的溶液。

四、操作步骤

1. 标准曲线制作

取 8 支 15 mL 的试管，按表 1.3 分别向每支试管内加入各种试剂，混匀。用光程为 1 cm 的石英比色杯，在 280 nm 波长处测定各试管溶液的光密度值 $OD_{280\ nm}$。以蛋白质浓度为横坐标，光密度值为纵坐标，绘出标准曲线。

表 1.3 蛋白质标准曲线的制作

试管号	标准蛋白溶液/mL	蒸馏水/mL	蛋白质浓度/(mg/mL)	$OD_{280\ nm}$
1	0	4	0	—
2	0.5	3.5	0.125	—
3	1.0	3.0	0.25	—
4	1.5	2.5	0.375	—
5	2.0	2.0	0.50	—
6	2.5	1.5	0.625	—
7	3.0	1.0	0.75	—
8	4.0	0	1.0	

2. 样品测定

另取 2 支 15 mL 的试管，分别取待测蛋白质溶液 1 mL（至少重复一次），加入蒸馏水 3 mL，混匀，按上述方法测定 280 nm 处的光密度。

五、结果与分析

根据待测蛋白质溶液的光密度值从标准曲线上查出其浓度。

六、附注

（1）在测定工作中，可以利用 280 nm 及 260 nm 的光密度值求出蛋白质的浓度（mg/mL）。

$$蛋白质浓度 = 1.45OD_{280\ nm} - 0.74OD_{260\ nm}$$

式中，$OD_{280\ nm}$为蛋白质溶液在 280 nm 处测得的光密度；$OD_{260\ nm}$为蛋白质溶液在 260 nm 处测得的光密度。

（2）对于有核酸存在时所造成的误差，可将待测的蛋白质溶液稀释至光密度为 0.2～2.0，选用光程为 1 cm 的石英比色杯，在 280 nm 及 260 nm 处分别测

出光密度 $OD_{280\ nm}/OD_{260\ nm}$，从表 1.4 中查出校正因子“$F$”值，同时可查出该样品内混杂的核酸的百分含量，将 F 值代入下列公式，即可计算出该溶液的蛋白质浓度（mg/mL）。

$$蛋白质浓度 = F \times OD_{280\ nm} \times D$$

式中，$OD_{280\ nm}$为被测溶液在 280 nm 紫外波长下的光密度；D 为溶液的稀释倍数。

表 1.4 紫外吸收法测定蛋白质含量的校正因子

$OD_{280\ nm}/OD_{260\ nm}$	校正因子（F）	核酸的百分含量/%	$OD_{280\ nm}/OD_{260\ nm}$	校正因子（F）	核酸的百分含量/%
1.75	1.116	0.00	0.846	0.656	5.50
1.63	1.081	0.25	0.822	0.632	6.00
1.52	1.054	0.50	0.804	0.607	6.50
1.40	1.023	0.75	0.784	0.585	7.00
1.36	0.994	1.00	0.767	0.565	7.50
1.30	0.970	1.25	0.753	0.545	8.00
1.25	0.944	1.50	0.730	0.508	9.00
1.16	0.899	2.00	0.705	0.478	10.00
1.09	0.852	2.50	0.671	0.422	12.00
1.03	0.814	3.00	0.644	0.377	14.00
0.979	0.776	3.50	0.615	0.322	17.00
0.939	0.743	4.00	0.595	0.278	20.00
0.874	0.682	5.00	—	—	—

注：通常纯蛋白质的 $OD_{280\ nm}/OD_{260\ nm}$约为 1.8，而纯核酸的 OD_{280nm}/OD_{260nm}约为 0.5。

七、思考题

若样品中含有核酸类杂质，应如何校正？

实验五　SDS-聚丙烯酰胺凝胶电泳测定蛋白质的相对分子质量

一、目的

学习和掌握垂直板型聚丙烯酰胺凝胶电泳的原理和方法。学习和应用SDS-聚丙烯酰胺凝胶电泳SDS-PAGE测定蛋白质的相对分子质量。

二、原理

蛋白质在进行聚丙烯酰胺凝胶电泳（PAGE）时，它的迁移率取决于它所带净电荷以及分子的大小和形状等因素（参见第三章实验二）。如果在丙烯酰胺凝胶系统中加入阴离子型表面活性剂（去污剂）十二烷基硫酸钠（sodium dodecyl sulfate，SDS）和还原剂（如β-巯基乙醇），则蛋白质分子的电泳迁移率主要取决于它的相对分子质量，而与其所带电荷和分子的形状无关。因此可以利用SDS-PAGE测定蛋白质的相对分子质量。

十二烷基硫酸钠是一种阴离子去污剂。它在水溶液中以单体（monomer）和分子团（micellae）的混合形式存在。SDS能断裂蛋白质分子内和分子间的氢键，使分子去折叠，破坏其高级结构。强还原剂，如β-巯基乙醇（β-mercaptoethanol）或二硫苏糖醇（dithiothreitol，DTT）能使半胱氨酸残基之间的二硫键断裂。

在阴离子去污剂和强还原剂的共同作用下，蛋白质分子可以发生以下变化：①蛋白质分子被解聚成多肽链；②氨基酸侧链与SDS充分结合形成带负电荷的蛋白质-SDS胶束；③蛋白质-SDS胶束所带的负电荷大大超过了蛋白质分子原有的电荷量，消除了不同分子之间原有的电荷差异。

蛋白质-SDS胶束具有以下特点：①形状像一个长椭圆棒；②短轴对不同的蛋白质亚基-SDS胶束基本上是相同的；③长轴的长度则与亚基的分子质量的大小成正比。因此胶束在SDS-聚丙烯酰胺凝胶系统中的电泳迁移率不再受蛋白质原有电荷的影响，而主要取决于椭圆棒的长轴长度，即蛋白质或亚基的分子质量的大小。当蛋白质的分子质量为15～200 kDa时，电泳迁移率与其相对分子质量的对数呈线性关系。

影响SDS电泳的关键因素包括：①溶液中SDS单体的浓度。多数蛋白质与

SDS结合的质量比为1∶1.4；②样品缓冲液的离子强度。低离子强度的溶液中，SDS单体才具有较高的平衡浓度；③二硫键是否完全被还原。当二硫键被彻底还原后，蛋白质分子才能被解聚，SDS才能定量地结合到亚基上而给出相对迁移率和其相对分子质量对数的线性关系。

利用SDS电泳测定蛋白质的相对分子质量时，在电泳结束后需要先计算相对迁移率（R_f），R_f是用测量的每个电泳谱带的迁移距离除以溴酚蓝前沿的迁移距离得到的。测量位置应在每个蛋白质电泳谱带的中央处。

$$R_f=\frac{\text{蛋白质带迁移距离}}{\text{溴酚蓝迁移距离}}$$

然后用已知蛋白质的相对分子质量的常用对数值为纵坐标，R_f为横坐标绘图，通过测定未知蛋白质的R_f值，便可在标准曲线上读出其相对分子质量。

三、实验用品

（一）实验材料

待测蛋白质样品。

（二）器皿

（1）稳流稳压电源。
（2）夹心式电泳槽1套。
（3）剪刀1把，10 mL注射器1支。
（4）小烧杯：50 mL ×2。
（5）微量移液器：1 mL×1，100 μL×1，20 μL×1。

（三）试剂

（1）30％凝胶储液（100 mL）：30.0 g丙烯酰胺（Acr）＋0.8 g亚甲基双丙烯酰胺（Bis），溶于双蒸水中，最后定容至100 mL，过滤后置棕色试剂瓶中备用，4 ℃储存。

（2）分离胶缓冲液（1.5 mol/L pH 8.8 Tris-HCl缓冲液，500 mL）：18.15 g Tris＋400 mL双蒸水，用6 mol/L的HCl调pH至8.8，最后加双蒸水定容至500 mL，4 ℃储存。

（3）浓缩胶缓冲液（0.5mol/L pH 6.8 Tris-HCl缓冲液，200mL）：6.0 g Tris＋150 mL双蒸水，用6 mol/L的HCl调pH至6.8，加双蒸水定容至200 mL，4 ℃储存。

(4) 10×电极缓冲液：30 g Tris＋144 g 甘氨酸＋SDS 10 g，加双蒸水使其溶解后定容至 1000 mL。

(5) 4×样品缓冲液（50 mL）：25 mL 0.5 mol/L pH 6.8 Tris-HCl 缓冲液＋15 mL 甘油＋4g SDS＋0.025 g 溴酚蓝＋5 mL 巯基乙醇，用蒸馏水定容到 50 mL。

(6) 固定液：40%的乙醇，10%的冰醋酸。

(7) 染色液：0.116%的考马斯亮蓝 G-250，25%的乙醇，8%的冰醋酸。

(8) 脱色液：25%的乙醇，8%的冰醋酸。

(9) 10%的过硫酸铵（50 mL）。

(10) 低相对分子质量蛋白质 Marker。

(11) 2%的琼脂溶液（用电极缓冲液配制加热融解）。

四、操作步骤

1. 灌制分离胶

本实验采用夹心式垂直平板电泳槽。认真清洗制胶玻璃板，干燥后将两块玻璃板在电泳槽上装好。用吸管吸取 60 ℃左右 2%的琼脂溶液封好玻璃板下端，待其凝固。插入样品梳，在距样品梳下端 1 cm 处做一标记，取下样品梳，按表 1.5 配制分离胶溶液于一 50 mL 的小烧杯内，混匀后将分离胶溶液加入两块玻璃板之间，至标记处。然后立即用注射器针头向液面上轻轻铺上一层厚约 0.5 cm 的双蒸水层（注意不要扰乱胶的界面），此时界面逐渐消逝，约 30 min 后，由于凝胶聚合，界面又清晰可见，此后再放置 10 min，待凝胶充分聚合后，进行下步操作。

表 1.5 分离胶和浓缩胶的配制

试剂	10 mL 分离胶（12%）	5 mL 浓缩胶（5%）
30%凝胶储液/mL	4.0	0.83
分离胶缓冲液/mL	2.5	—
浓缩胶缓冲液/mL	—	0.63
双蒸水/mL	3.3	3.4
10%SDS/mL	0.1	0.05
10%过硫酸铵/mL	0.1	0.05
四甲基乙二胺/mL	0.004	0.005

2. 灌制浓缩胶

将分离胶上面的蒸馏水用注射器抽出并用滤纸吸干，按表 1.5 配制浓缩胶溶液于一 50 mL 的小烧杯内，混匀后用滴管将浓缩胶液灌入两玻璃板之间，至玻璃板顶端，将样品梳插入两玻璃板之间。静置电泳槽，待 10 min 左右，浓缩胶即可聚合。轻轻拔出样品梳。

3. 待测样品的准备

取待测蛋白质样品，用样品缓冲液按 3∶1 混合，然后在沸水浴上加热 5 min。样品液含盐量应尽可能小，否则必须进行脱盐处理。

4. 加样和电泳

将电极缓冲液注入缓冲液槽。将上、下电极与稳流电源的连线接好。用微量移液器加样，开始电泳时将电压调至 80 V，当样品进入分离胶后，将电压调至 200 V，待示踪染料迁移至距凝胶下沿约 1.5 cm 时，将电压调回零，关掉电源，取出凝胶板。

5. 固定、染色和脱色

用胶片将两张玻璃板撬开，用玻璃棒将凝胶直接转入盛有固定液的大培养皿中（勿用手触摸凝胶），标记示踪染料迁移位置，于脱色摇床上固定 1 h。然后倒去固定液，染色 1 h，最后将凝胶转移到脱色液中，换脱色液数次，至背景脱色为止。

6. 用干胶器将凝胶脱水干燥，便于长期保存

五、结果与分析

根据蛋白质相对迁移率，计算待测蛋白质的相对分子质量。

六、附注

本实验涉及的许多试剂均有毒，应小心操作，注意安全。

七、思考题

是否所有的蛋白质都能用 SDS-聚丙烯酰胺凝胶电泳法测定其相对分子质量？

实验六　聚丙烯酰胺凝胶等电聚焦电泳测定蛋白质的等电点

一、目的

了解蛋白质等电聚焦的原理。掌握水平板式聚丙烯酰胺凝胶等电聚焦电泳技术及测定蛋白质等电点的方法。

二、原理

蛋白质分子是典型的两性电解质分子。它在大于其等电点（p*I*）的 pH 环境中解离成带负电荷的阴离子，向电场的正极移动，在小于其等电点的 pH 环境中解离成带正电荷的阳离子，向电场的负极移动。这种泳动只有在等于其等电点的 pH 环境中，即蛋白质所带的净电荷为零时才能停止。如果在一个有 pH 梯度的环境中，对各种不同等电点的蛋白质混合样品进行电泳，则在电场作用下，不管这些蛋白质分子的原始分布如何，各种蛋白质分子将按照它们各自的等电点大小在 pH 梯度中相对应的位置处进行聚焦，经过一定时间的电泳以后，不同等电点的蛋白质分子聚焦于不同的位置。这种按等电点的大小，使生物分子在 pH 梯度的相应位置上进行聚焦的行为就称为“等电聚焦”。等电聚焦的特点就在于它利用了一种称为两性电解质载体的物质在电场中构成连续的 pH 梯度，使蛋白质或其他具有两性电解质性质的样品进行聚焦，从而达到分离、测定和鉴定的目的。

两性电解质载体，实际上是许多异构体和同系物的混合物，它们是一系列多羟基多氨基脂肪族的化合物，分子质量为 300～1000 Da。两性电解质在直流电场的作用下，能形成一个从正极到负极的 pH 逐渐升高的平滑连续的 pH 梯度。不同 pH 的两性电解质含量与 p*I* 值的分布越均匀，则 pH 梯度的线性就越好。两性电解质应具有缓冲能力强，导电性良好，相对分子质量小，不干扰被分析的样品等特点。

在聚焦过程中和聚焦结束取消外加电场后，保持 pH 梯度的稳定是极为重要的。为了防止扩散，稳定 pH 梯度，就必须加入一种抗对流和扩散的支持介质，最常用的这种支持介质就是聚丙烯酰胺凝胶。当进行聚丙烯酰胺凝胶电泳时，凝胶内即产生 pH 梯度，当蛋白质样品在凝胶内移动到与其 p*I* 相等的 pH 部位时，即聚焦形成一条区带，测定此区带所在凝胶的 pH，即为其 p*I*。电泳时间越长，蛋白质聚焦的区带就越集中，因而提高了分辨率。等电聚焦电泳不仅可以测定等电点，而且能分离和鉴定具有不同等电点的生物大分子混合物。

三、实验用品

（一）实验材料

待测蛋白质样品。

（二）器皿

（1）稳流稳压电源。

（2）水平板式电泳槽 1 套。

（3）干胶仪。

（4）大铁夹 6 只。

（5）50 mL 小烧杯 2 个。

（6）小镊子 2 把，剪刀 1 把。

（7）10 mL 注射器 1 支。

（8）厚滤纸条：(10 cm×1 cm)2 条，擦镜纸：8 层（剪成 0.5 cm×0.5 cm)；

（9）移液枪：100 μL×1，50 μL×1。

（10）精密 pH 试纸：pH 3.5～10，玻璃纸。

（三）试剂

（1）30%凝胶储液：30 g 丙烯酰胺和 0.8 g 亚甲基双丙烯酰胺溶于 75 mL 双蒸水中，溶解后稀释到 100 mL，将溶液过滤，置于棕色瓶中于 4 ℃冰箱可保存 2周。

（2）过硫酸铵（10% *m*/*V*)：称取 0.1 g 过硫酸铵溶于 1 mL 双蒸水中，新鲜配置。

（3）TEMED（四甲基乙二胺）。

（4）ampholine（两性电解质，商品名）(pH 3.5～10)。

（5）p*I* 标准蛋白质。

（6）染色液：乙醇 35 mL，冰醋酸 10 mL，考马斯亮蓝 G-250 0.1 g，加水定容到 100 mL，溶解后过滤备用。

（7）固定液：甲醇 35 mL，三氯乙酸 10 g，磺基水杨酸 3.5 g，加水定容到

100 mL。

（8）脱色液：乙醇 25 mL，冰醋酸 10 mL，加水定容到 100 mL。

（9）电极液（适用 pH 3.5～10）。

阳极：1 mol/L 的磷酸（H_3PO_4）：原磷酸试剂的浓度约为 16 mol/L，故配制时用双蒸水稀释 16 倍即可。

阴极 1 mol/L 的氢氧化钠（NaOH）：称取 4 g 固体 NaOH 溶于 100 mL 双蒸水中。

四、操作步骤

（1）洗刷电泳槽（注意保护电极板上的铂金丝，主要刷洗灌胶用的两块玻璃板）、小烧杯等器具。

（2）电泳槽底座用水平仪调水平。

（3）凝胶配制。取 30％凝胶储液 2.0 mL，双蒸水 5.4 mL，载体两性电解质 0.6 mL，真空抽气 15 min 后加 TEMED（原液）8 μL 和 10％的过硫酸铵 60 μL，混匀立即灌胶。

（4）灌胶。长、短玻璃板及塑料隔条用大夹子固定，将配好的凝胶液用 10 mL 的注射器沿长、短玻璃板的缝隙灌入胶腔，边灌边用食指轻轻敲击玻璃板，使之不产生气泡，静置 1 h 左右凝胶聚合。

（5）加电极条。胶聚合后，用剪刀轻轻撬动玻璃板，使凝胶粘到一块玻璃板上，将玻璃板放在电泳槽底座上（凝胶向上），两端压上电极条（一端为正极，一端为负极），电极条为宽 1 cm 左右的两层滤纸条，用电极液润湿。

（6）点样。取 8 层擦镜纸重叠在一起，剪成约 5 mm×5 mm 的小块，浸透样品，放在凝胶上（距离电极条 1 cm 左右，防止酸碱引起样品变性）。微量标准样品可少几层擦镜纸或直接加样在胶面上。

（7）电泳。将电极板上的铂金丝正好压在两条电极条上，盖上安全罩，再调一次水平，连接好电泳仪导线，接通冷凝水，打开电源，进行电泳。电泳时先稳压 60 V，15 min 后稳流 10 mA，待电压升至 500 V 时，关闭电泳仪，用镊子取下点样纸，再打开电泳仪，稳压 580 V，等到电流指示到 1 mA 以下某个刻度维持 1 h 左右不变时，停止电泳，关闭电源。

（8）检测 pH 梯度、固定、染色、脱色、制干胶。

1）pH 梯度的检测。从胶板上顺电场方向切下一条胶条，并切成 0.5 cm 等距离的小块，按顺序放入小试管内，加入 0.5 mL 双蒸水，浸泡 10 min。用 pH 试纸或微电极测定各小试管中的 pH，或以表面微电极直接测定 pH 梯度。

2）固定和染色。①将凝胶取下，放入固定液中固定 4 h 或过夜（中间可换一次固定液）。②去掉固定液，用脱色液漂洗一次。③将染色液倒入培养皿内，染色 30 min。

在取胶时一定注意，先用固定液淋洗一下，使胶滑润，防止破裂，用固定液冲胶入培养皿或将胶面向下，将胶转移至培养皿中。

3）脱色和保存。将染色液倒掉，加脱色液浸泡至基本无底色。将胶板放置于干胶仪的玻璃纸之间，充分赶走气泡后，制备干胶。

五、结果与分析

根据已知 p*I* 标准蛋白所在位置绘制 pH-cm 标准曲线，测量并计算待测蛋白质样品的 p*I*。

六、附注

1. 对两性电解质的要求

两性电解质是等电聚焦的关键试剂，所以对两性电解质的质和量都要特别注意。两性电解质含量以 2%～3%较适合，能形成好的 pH 梯度。由于载体两性电解质是由多乙烯多胺与丙烯酸进行加成反应生成的混合物，放置时间过长会长菌，分解变质，不能使用。

2. 制胶注意的问题

（1）丙烯酰胺最好是重结晶的。

（2）过硫酸铵一定要新配制。

（3）所有水要用双蒸水。

（4）制胶时，玻璃板和模板必须水平放置。

（5）模板要平直光滑，不然灌胶时易溅漏。

3. 防止烧胶

（1）平板等电聚焦电泳的胶很薄（0.6 mm），当稳流在 8 mA 时，电压可上升到 550 V 以上，由于阴极飘移，造成局部电流过大，胶承受不了而被烧断。

（2）防止烧胶的办法：注意观察，稳流 8 mA，电压上升到 550 V 时，立即关电源。用恒功率电泳仪，控制输出功率在指定范围。在一定功率范围内，改进冷却条件，使因电流产生的热量及时散去。

（3）如果胶被烧了，可在烧断的位置换上一条宽的电极条压过断缝或在电源电极条内侧加一电极条，以此补救。

4. 胶板制作注意事项

固定液可使蛋白质变性，不再扩散，故一定要多换一次；在电泳后取胶、固定、染色直至制干胶板都必须仔细，防止胶被损坏。

七、思考题

聚丙烯酰胺凝胶等电聚焦电泳测定蛋白质的等电点时，对样品有什么要求？

实验七　血清蛋白质醋酸纤维素薄膜电泳法

一、目的

学习醋酸纤维素薄膜电泳的操作，了解电泳技术的一般原理。

二、原理

醋酸纤维素薄膜电泳是以醋酸纤维素薄膜为支持物进行的电泳。醋酸纤维素是纤维素的羟基被乙酰化后得到的产物——纤维素醋酸酯。当将其溶于有机溶剂中时，可用来涂抹得到均匀的薄膜，待溶剂蒸发后则成为醋酸纤维素薄膜。该膜的一面较光滑，而另一面则粗糙无光泽。电泳时，将待测物样品点样于粗糙无光泽面，经电场作用后，样品即可被分离。

醋酸纤维素薄膜具有均一的泡沫状结构，厚度约为120 μm。该膜渗透性强，用它作为支持物进行电泳具有简单、快速、定量容易、样品用量少、对样品无吸附和拖尾现象、电泳区带清晰、灵敏度高等优点。虽然其分辨力较聚丙烯酰胺凝胶电泳和淀粉凝胶电泳要低，但是较以滤纸为支持物进行的纸电泳要高。目前应用仍很广泛，如在血清蛋白、血红蛋白、糖蛋白、脂蛋白、结合球蛋白、同工酶等方面的应用。

蛋白质是两性电解质，在不同的缓冲液中所带电荷的极性与数量会有所不同，因而在电场中的行为也相应地会有所不同：在pH小于其等电点的缓冲液中，蛋白质为正离子，在电场中向阴极移动；在pH大于其等电点的缓冲液中，蛋白质为负离子，在电场中向阳极移动；而当缓冲液的pH为蛋白质的等电点时，则该蛋白质在电场中既不向阳极移动，也不向阴极移动。血清中含有多种蛋白质，如清蛋白、α-球蛋白、β-球蛋白、γ-球蛋白等，它们所具有的可解离基团不同，在同一pH的缓冲液中，所带静电荷不同，因此它们在电场中的移动情况也就不同，故可利用电泳法将它们分离。人血清中有关蛋白质的相对分子质量、等电点的差异如表1.6所示。从表1.6中可知，血清中5种蛋白质的等电点低于pH 7.0，所以在缓冲液pH 8.6中，它们都电离成负离子，在电场中向正极移动。由于清蛋白所带负电荷量最大，泳动最快，向正极迁移的距离最大，其余依次为α_1-球蛋白、α_2-球蛋白、β-球蛋白及清蛋白，γ-球蛋白所带负电荷量最小，向正极迁移的距离最小，离原点最近。

表 1.6 人血清中各种蛋白质的等电点及相对分子质量

蛋白质名称	等电点（p*I*）	相对分子质量
清蛋白	4.88	69 000
α_1-球蛋白	5.06	200 000
α_2-球蛋白	5.06	300 000
β-球蛋白	5.12	90 000～150 000
γ-球蛋白	6.85～7.50	156 000～300 000

由于血清蛋白质为无色的胶体颗粒，因此需要用染色的方法来进行观察。现有多种染料可与蛋白质结合，如本实验中所用的氨基黑 10B。电泳结束后，将薄膜浸入染色液中浸泡染色，然后用漂洗液漂洗。漂洗液可洗去薄膜上未与蛋白质结合的染料，但是不能洗去已与蛋白质结合的染料。这样，漂洗之后就可以在薄膜上看到不同的蛋白质处于不同的位置，形成电泳区带。

在一定范围内，蛋白质的量与结合的染料量成正比，因而可以进行定量分析。本实验中将醋酸纤维素薄膜上各蛋白质区带剪下，分别用 0.4 mol/L 的 NaOH 溶液将蛋白质浸洗下来，用比色法测定其相对含量。也可以将染色后的薄膜直接用光密度计扫描测定其相对含量。

三、实验用品

（一）实验材料

新鲜血清（制备时要无溶血现象）。

（二）器皿

（1）镊子（或竹夹）。

（2）醋酸纤维素薄膜。

（3）滤纸。

（4）铅笔与直尺。

（5）载玻片或白瓷比色板。

（6）水平电泳槽与电泳仪。

（7）光密度计。

（8）微量加样器。

（三）试剂

（1）电极缓冲液：巴比妥-巴比妥钠缓冲液，pH 8.6，0.075 mol/L，离子强度 0.06，分别称取巴比妥 1.66 g 和巴比妥钠 12.76 g，合并后用蒸馏水溶解并定容至 1000 mL。

(2) 染色液：称取氨基黑 10B 0.5 g，分别加入蒸馏水 40 mL、甲醇 50 mL 和冰醋酸 10 mL。混匀后，储存于试剂瓶中。

(3) 漂洗液：分别量取 95%的乙醇 45 mL、冰醋酸 5 mL 和蒸馏水 50 mL，混匀即成。

(4) 透明液：

甲液：分别量取冰醋酸 15 mL 和无水乙醇 85 mL，将二者混匀即成。

乙液：分别量取冰醋酸 25 mL 和无水乙醇 75 mL，将二者混匀即成。

(5) 0.4 mol/L 的 NaOH 溶液：称取 16 g NaOH，用蒸馏水溶解并定容至 1000 mL。

四、操作步骤

1. 仪器和薄膜的准备

(1) 醋酸纤维素薄膜的湿润和选择：将薄膜（规格 2 cm×8 cm，或根据情况自行裁剪制备）漂在缓冲液液面上。若迅速湿润后，整条薄膜的颜色一致而无白色斑点，则表明薄膜质地均匀（实验中应选择质地均匀的薄膜）。然后用竹夹或镊子轻轻地将薄膜完全浸入缓冲液中，待薄膜完全浸透后使用，一般至少需要浸泡 20 min 才行。

(2) 制作电桥：将电极缓冲液倒入水平电泳槽的两边，使两个电极槽内的液面等高（可用虹吸管平衡两边的液面）。根据电泳槽的纵向尺寸，在两电极槽分别放入四层纱布（或滤纸），一端浸入缓冲液中，另一端则贴在电泳槽的支架上（用缓冲液将滤纸全部润湿并驱除气泡，使滤纸紧贴在支架上，即为滤纸桥）。它们的作用是联系薄膜与两电极缓冲液之间的中间“桥梁”（图 1.1）。

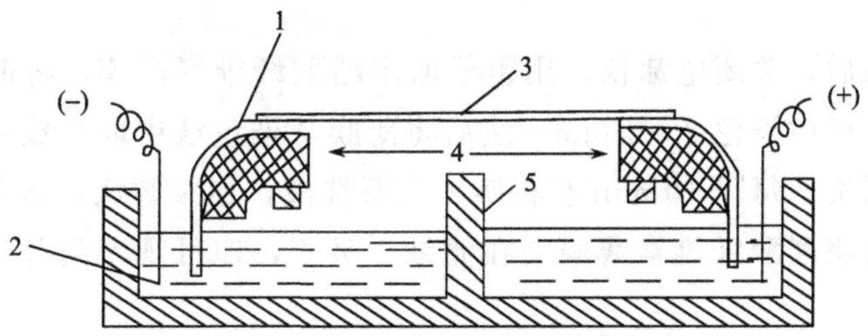

图 1.1　水平电泳槽剖视示意图

1. 滤纸桥　2. 电泳槽　3. 醋酸纤维素薄膜　4. 电泳槽支架　5. 电极室中央隔板

2. 点样

取出浸透的薄膜，识别出光泽面与无光泽面，再平放在滤纸上（无光泽面朝上），用滤纸吸去多余的缓冲液，或者直接用两张滤纸夹住薄膜以吸干缓冲液。然后在无光泽面上距离膜一端 1.5 cm 处用铅笔直尺画一点样直线，作为点样区。

取干净的载玻片或比色板一块，点 0.1 mL 血清于其上，并取 0.05 mL 0.03%的溴酚蓝与其混匀。用微量加样器吸取约 2～3 μL 混合后的血清，均匀地将其“印”在薄膜的点样区；或先将血清均匀涂抹在盖玻片的边缘，再将此边缘与薄膜上的点样区轻轻地接触点样（图 1.2）。

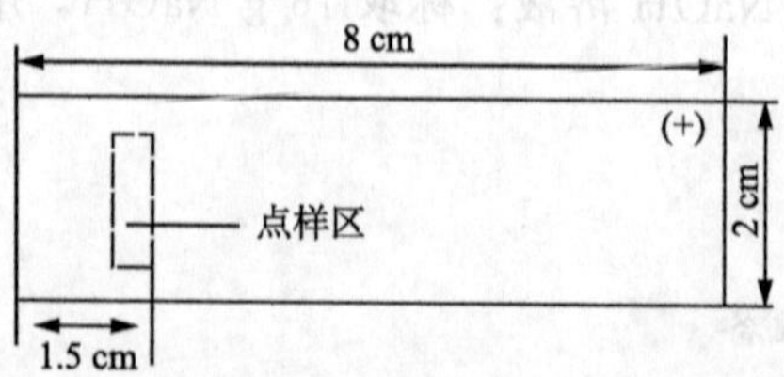

图 1.2 醋酸纤维素薄膜的规格及其点样位置示意图

虚线处为点样位置

3. 电泳

待样品渗入膜内后，用镊子将薄膜的非光泽面（即点样一面）反扣在电泳槽上正、负极的纱布或滤纸上，使薄膜的点样端位于负极，而另一端位于正极，且薄膜要绷紧，中央不出现凹面。

平衡 10 min 后，打开电泳仪开关，调节电流为 0.4～0.6 mA/cm、电压为 10～12 V/cm，电泳 40～60 min。

4. 染色

电泳结束后，关闭电泳仪。用镊子取出醋酸纤维素薄膜，将薄膜放入盛有染色液的培养皿中染色 3～8 min，然后将薄膜从染色液中取出放入盛有漂洗液的培养皿中漂洗。每隔 10 min 左右换 1 次漂洗液，连续数次，直至背景颜色脱去为止。此时将醋酸纤维素薄膜夹在滤纸中吸干，即可观察到薄膜上清晰的电泳图谱。

五、结果与分析

漂洗后，醋酸纤维素薄膜上可呈现清晰的 5 条区带，由正极端起，依次为清蛋白、α_1-球蛋白、α_2-球蛋白、β-球蛋白及γ-球蛋白。

1. 透明

将用滤纸吸干的醋酸纤维素薄膜浸入透明液的甲液中，2 min 后立即取出，并将其浸入透明液的乙液中，准确浸泡 1 min 后，迅速取出薄膜，并将其紧贴在玻璃板上，赶走气泡。约 2～3 min 内薄膜完全透明。待干后置于切片盒中，可长期保存。

2. 定量分析

可利用洗脱法或光密度扫描法，测得各蛋白质组分的相对百分含量。

(1) 洗脱法：将漂洗干净而未透明的电泳图谱的各区带剪下，并剪一段无蛋白质区带的薄膜作为空白，分别浸于盛有 0.4 mol/L 的 NaOH 溶液的试管中(清蛋白试管中为 4 mL，其余各试管中均为 2 mL)。摇匀，放入 37 ℃的水浴中保温 30 min，每隔 10 min 摇动 1 次，然后以无蛋白质区带的试管为空白调“0”，在 620 nm 波长处进行比色测定。设所测得的各试管光密度值分别为 OD_A、OD_{α_1}、OD_{α_2}、OD_β、OD_γ，按下列方法计算血清中各种蛋白质所占的百分率。

① 先计算光密度值总和（T）。

$$T=2\times OD_A+OD_{\alpha_1}+OD_{\alpha_2}+OD_\beta+OD_\gamma$$

② 再计算血清中各种蛋白质所占的百分率。

$$清蛋白=\frac{2\times OD_A}{T}\times 100\%$$

$$\alpha_1\text{-}球蛋白=\frac{OD_{\alpha_1}}{T}\times 100\%$$

$$\alpha_2\text{-}球蛋白=\frac{OD_{\alpha_2}}{T}\times 100\%$$

$$\beta\text{-}球蛋白=\frac{OD_\beta}{T}\times 100\%$$

$$\gamma\text{-}球蛋白=\frac{OD_\gamma}{T}\times 100\%$$

(2) 光密度计法：将已透明好的薄膜电泳图谱放入自动扫描光密度计内，在记录仪上自动绘出血清蛋白质各组分的曲线图，横坐标为薄膜长度，纵坐标为光密度值，每个峰代表一种蛋白质组分。然后用求积仪测量出各峰的面积。或者剪下各峰，称其重量，按下式计算血清中各蛋白质的百分含量。

$$清蛋白=\frac{W_A}{W_{总}}\times 100\%$$

$$\alpha_1\text{-球蛋白}=\frac{W_{\alpha_1}}{W_{总}}\times 100\%$$

$$\alpha_2\text{-球蛋白}=\frac{W_{\alpha_2}}{W_{总}}\times 100\%$$

$$\beta\text{-球蛋白}=\frac{W_{\beta}}{W_{总}}\times 100\%$$

$$\gamma\text{-球蛋白}=\frac{W_{\gamma}}{W_{总}}\times 100\%$$

式中，$W_{总}$ 为5个峰的面积或重量之和；W_A、W_{α_1}、W_{α_2}、W_β、W_γ 分别为各蛋白质的面积或重量。

六、附注

（1）血清标本宜新鲜，不可溶血。溶血后血清中的血红蛋白混入球蛋白中，影响结果。

（2）市售醋酸纤维素薄膜均为干膜片，薄膜需要充分浸泡于缓冲液中，使其恢复到原来的多孔网状结构。且薄膜颜色一致无斑点。

（3）对于定量分析来说，定量取样是必须的。

（4）使血清均匀分布在点样线，这是获得清晰区带电泳图谱的重要环节之一。加样时不能太用力，不要重复加样。加样量要适中，如加样量过大，则电泳区带不易分离清楚。

（5）电压高，电流大，电泳速率快，产生的热效应较大，膜上水分蒸发严重，致使电泳图谱短而不清。故电流强度以 0.4～0.5 mA/cm 膜宽为宜。

（6）应尽量采用水溶性染料，不宜选择醇溶性染料，以免引起醋酸纤维素薄膜溶解。另外多次染色后的染料应弃去，否则，可使染料中的盐类浓度增加，pH 升高，甲醇挥发，而致使清蛋白结果偏高。

七、思考题

采用醋酸纤维素薄膜电泳分离血清蛋白质应注意什么？

第二章 核 酸

核酸是遗传信息的载体，是最重要的生物信息分子，核酸已成为当前生命科学中发展最快的前沿学科领域。目前，核酸研究的理论与技术已渗透到生命科学的各个领域，使人们能在分子水平上了解生物体的奥秘，为人类认识生命现象的本质带来了前所未有的机遇。本章重点介绍了核酸实验技术中最重要、最基本的操作，如核酸的提取、分离、纯化、酶切、鉴定、PCR技术等。

实验一　植物基因组DNA的提取（CTAB法）

一、目的

掌握运用CTAB法从植物叶片提取DNA的原理和方法。

二、原理

CTAB法是由Murray和Thompson（1980）修改而成的简便方法。CTAB（十六烷基三甲基溴化铵，cetyltrimethyl ammonium bromide）是一种阳离子型表面活性剂（去污剂），具有从低离子强度的溶液中沉淀核酸和酸性多聚糖的特性。但在这种条件下，蛋白质和中性多聚糖仍留在溶液里。在高离子强度的溶液中，CTAB能与蛋白质和大多数酸性多聚糖以外的多聚糖形成复合物，但不能沉淀核酸。本试验就是利用含有CTAB的高盐溶液提取植物基因组DNA，经过氯仿-异戊醇抽提除去CTAB/多聚糖/蛋白质复合物，再经异丙醇或无水乙醇沉淀上清液而获得基因组DNA。

三、实验用品

（一）实验材料

新鲜的或－80 ℃冻存的植物叶片。

（二）器皿

（1）电子天平。

（2）研钵1套。

（3）不锈钢药匙×1。

（4）1.5 mL离心管。

（5）各量程的移液器（20 μL，200 μL，1000 μL），微量移液器吸头。

（6）高速离心机。

（7）恒温水浴锅。

（8）紫外分光光度计。

（三）试剂

（1）CTAB 溶液［2% CTAB，1.4 mol/L NaCl，20 mmol/L EDTA（pH 8.0），100 mmol/L Tris-HCl（pH 8.0），1%聚乙烯吡咯烷酮（PVP）。灭菌备用，没灭菌前呈黏稠状，灭菌后变成澄清的溶液］。

（2）氯仿∶异戊醇（24∶1）。

（3）RNase：10 mg/mL。

（4）无水乙醇或异丙醇。

（5）β-巯基乙醇。

（6）70%乙醇。

（7）液氮。

四、操作步骤

（1）在 1.5 mL 离心管中，加入 500 μL 的 2×CTAB 和 20 μL β-巯基乙醇，65 ℃预热。

（2）取幼嫩的植物叶片 1～2 g，用蒸馏水冲洗干净，再用灭菌蒸馏水冲洗 2 次，放入经液氮预冷的研钵中，加入液氮研磨至粉末状，用干净的灭菌不锈钢匙转移粉末到预热的离心管中，总体积达到 1 mL，混匀后置于 65 ℃水浴中保温 45～60 min，并不时轻轻转动离心管。

（注：冻存材料直接研磨，绝对不能化冻。而且粉末应在化冻前转移，否则内源性 DNase 有可能降解基因组 DNA。）

（3）加入等体积的氯仿∶异戊醇，轻轻地颠倒混匀，室温下 10 000 r/min 离心 10 min，转移上清液至另一新离心管中。

（4）向离心管中加入 1∶100 体积的 RNase 溶液，置于 37 ℃ 恒温水浴锅酶解 RNA 20～30 min。

（5）加入 2 倍体积的无水乙醇或 0.7 倍体积的异丙醇，会出现絮状沉淀，－20 ℃放置 30 min 或－80 ℃放置 10 min，12 000 r/min 离心 10～15 min，回收 DNA 沉淀。

（6）用 70%的乙醇清洗沉淀两次，吹干后溶于适量的灭菌水中。

五、结果与分析

用紫外分光光度计检测提取的 DNA 纯度及浓度。

六、附注

(1) 吸取DNA溶液时，微量移液器吸头一定要用剪刀剪去尖部，防止机械剪切力对DNA的损伤。

(2) 混匀DNA溶液时动作要轻缓，防止造成DNA断链降解。

七、思考题

(1) CTAB、EDTA、巯基乙醇的作用是什么？

(2) 吸取样品和抽提时应注意什么，为什么？

实验二 DNA 的琼脂糖凝胶电泳

一、目的

学习和掌握 DNA 琼脂糖凝胶电泳的基本原理和操作方法。

二、原理

在碱性溶液中 DNA 带有负电荷，在电场作用下向正极移动。电泳时，由于琼脂糖凝胶具有一定的孔径，长度不同的 DNA 分子所受凝胶的阻滞作用大小不一，因此迁移的速率也不同，从而可以按照相对分子质量大小得到有效分离。溴化乙锭可插入到 DNA 分子的双链中，在紫外光的照射下，插入溴化乙锭的 DNA 分子发出橙红色荧光，所以溴化乙锭可作为荧光指示剂指示 DNA 的含量及位置。

三、实验用品

（一）实验材料

相对分子质量大小不同的 DNA 片段。

（二）器皿

（1）电泳仪。
（2）紫外检测仪。
（3）水平电泳槽。
（4）微量移液器。
（5）一次性手套。
（6）电子天平。

（三）试剂

（1）TBE（Tris Borate EDTA）缓冲液（pH 8.3）：称取 10.78 g Tris、5.500 g 硼酸、0.930 g EDTA-Na_2 溶于无离子水，定容到 100 mL，用时稀释 10 倍。

(2) 溴化乙锭(EB)溶液：溴化乙锭(10 mg/mL)(用时稀释10倍)。

(3) 加样缓冲液：50%甘油+0.25%溴酚蓝。

(4) 琼脂糖。

四、操作步骤

(1) 琼脂糖凝胶的制备。称取琼脂糖1 g，加入10×TBE缓冲液10 mL，再加入蒸馏水90 mL，在电炉上加热溶解，配制成1% 琼脂糖凝胶，稍凉后加入配好的EB溶液数滴。将琼脂糖凝胶溶液倒入制胶模具，插入梳子。冷凝后拔出梳子，将凝胶放入电泳槽中。

(2) 加样。取样品溶液20 μL，加入1/5体积的加样缓冲液，混匀后，将溶液加到样品孔中，同时在另一样品孔中加入标准相对分子质量DNA(Marker)。一般DNA样品的质量最好控制在0.5～1.0 μg。

(3) 电泳。向电泳槽中加入TBE缓冲液(pH 8.3)，接通电路，打开电源，电压维持在2～4 V/cm，至溴酚蓝到凝胶底部边缘时停止电泳。

五、结果与分析

电泳完毕，取出凝胶模具，将其推到一块干净的玻璃板上，于254 nm或300 nm波长紫外灯下观察，DNA存在的位置呈现橙黄色荧光，放置时间超过4～6 h后荧光减弱，因此应立即用国产全色胶卷拍照，并应加上红色滤色镜。

六、思考题

DNA琼脂糖凝胶电泳中溴化乙锭的作用是什么？

实验三 酵母核糖核酸的提取及组分鉴定

一、目的

了解并掌握稀碱法提取核糖核酸（RNA）及苔黑酚显色法测定 RNA 含量的基本原理和操作方法。

二、原理

由于 RNA 的来源和种类很多，因而提取制备方法也各异。一般有苯酚法、去污剂法和盐酸胍法。其中苯酚法是实验室中最常用的方法。组织匀浆用苯酚处理并离心后，RNA 即溶于上层被苯酚饱和的水相中，DNA 和蛋白质则留在苯酚相中。向水相加入乙醇后，RNA 即以白色絮状沉淀析出，此法能较好的除去 DNA 和蛋白质。上述方法提取的 RNA 具有生物活性。

工业上常用稀碱法和浓盐法提取 RNA，用这两种方法所提取的核酸均为变性的 RNA，主要用做制备核苷酸的原料，其工艺比较简单。

稀碱法使用稀碱（本实验用 0.2%的 NaOH 溶液）使酵母细胞裂解，然后用酸中和，除去蛋白质和菌体后的上清液用乙醇沉淀 RNA 或调节 pH 至2.0～2.5，利用等电点沉淀 RNA。

酵母含 RNA 达 2.67%～10.0%，而 DNA 含量仅为 0.03%～0.516%，为此，提取 RNA 多以酵母为原料。

RNA 含有核糖、嘌呤碱、嘧啶碱和磷酸各组分。加硫酸消煮可使 RNA 水解，从水解液中可用定糖、定磷和加银沉淀等方法测出上述组分的存在。

三、实验用品

（一）实验材料

干酵母粉。

（二）器皿

（1）100 mL 烧杯×1。

（2）移液管：2.0 mL×1，5.0 mL×1，1.0 mL×4。

(3) 量筒：10 mL×1，50 mL×1。

(4) 试管：15 mL×4。

(5) 恒温水浴锅。

(6) 离心机。

(7) 布氏漏斗。

(8) 抽滤瓶。

(9) 石蕊试纸。

(10) 滴管。

(11) 洗耳球。

(12) 电子天平。

(三) 试剂

(1) 0.04 mol/L 的 NaOH 溶液。

(2) 95%乙醇。

(3) 无水乙醇。

(4) 乙醚。

(5) 1.5 mol/L 的硫酸。

(6) 浓氨水。

(7) 0.1 mol/L 的硝酸银。

(8) 酸性乙醇溶液：30 mL 乙醇加 0.3 mL HCl。

(9) 三氯化铁浓盐溶液，将 2 mL 10%的三氯化铁（$FeCl_3 \cdot 6H_2O$）溶液加入 400 mL 浓 HCl。

(10) 苔黑酚乙醇溶液，称取 6 g 苔黑酚溶于 95%的乙醇 100 mL。

四、操作步骤

1. 酵母 RNA 提取

称 5 g 干酵母粉置于 100 mL 的烧杯中，加入 40 mL 0.2%的 NaOH 溶液，沸水浴上加热 30 min，经常搅拌。然后加入数滴乙酸溶液使提取液呈酸性（石蕊试纸检查），3000 r/min 离心 15 min。取上清液，加入 10 mL 酸性乙醇，边加边搅动。加毕，静置，待 RNA 沉淀完全后，离心。滤渣先用乙醇洗两次，每次 10 mL。再用无水乙醇洗两次，每次 10 mL，洗涤时可用细玻璃棒小心搅动沉淀。最后用布氏漏斗抽滤，沉淀在空气中干燥。称量所得 RNA 粗品的质量。

2. RNA 组分鉴定

取 0.5～1.0 g 提取的核酸，加入 1.5 mol/L 的硫酸 10 mL，沸水浴加热 10 min，制成水解液，然后进行组分鉴定。

（1）嘌呤碱鉴定：1 mL 0.1 mol/L 的硝酸银，逐滴加入 1 mol/L 的氨水至沉淀消失。加入 1 mL 滤液，放置片刻，观察有无白色嘌呤铵化合物沉淀产生。

（2）核糖鉴定：1 mL 滤液＋ 等体积的苔黑酚。沸水浴 10～15 min，观察核糖是否变成绿色。

（3）磷酸鉴定：2 mL 水解液＋5 滴硝酸银＋1 mL 钼酸铵，沸水浴加热，观察有无黄色磷酸铵沉淀产生。

五、结果与分析

$$\text{酵母中 RNA 的百分含量} = \frac{\text{RNA 粗制品质量(g)}}{\text{酵母质量(g)}} \times 100\%$$

六、思考题

（1）为什么用稀碱溶液可以使酵母细胞裂解？

（2）如何从酵母中提取到较纯的 RNA？

实验四　酵母核糖核酸的提制（浓盐法）

一、目的

了解从酵母中采用浓盐法提制 RNA 的方法。

二、原理

微生物是工业上大量生产核酸的原料，其中以酵母最为理想。这是因为酵母核酸中主要是 RNA（2.67%～10.0%），而 DNA 含量仅为 0.03%～0.516%，菌体容易收集，RNA 也易于分离。此外，抽提后的菌体蛋白质（占干菌体的 50%）还具有很高的利用价值。

RNA 提制过程是先使 RNA 从细胞中释放，并使它和蛋白质分离，然后将菌体除去，再根据核酸在等电点溶解度最小的性质，将 pH 调到 2.0～2.5，使 RNA 沉淀，进行离心收集。

提取 RNA 的方法很多，在工业生产上常用的是稀碱法和浓盐法。稀碱法是利用细胞壁在稀碱条件下溶解，使 RNA 释放出来，这种方法提取时间短，但 RNA 在稀碱条件下不稳定，容易被碱分解；浓盐法是在加热的条件下，利用高浓度的盐改变细胞膜的透性，使 RNA 释放出来，此法易掌握，产品颜色较好。使用浓盐法提取 RNA 时应注意掌握温度，避免在 20～70 ℃停留时间过长，因为这是磷酸二酯酶和磷酸单酯酶作用的温度范围，会使 RNA 因降解而降低提取率。在 90～100 ℃条件下加热可使蛋白质变性，破坏磷酸二酯酶和磷酸单酯酶，有利于 RNA 的提取。

若要提取接近天然状态的 RNA，可采用苯酚法或氯仿-异戊醇法去除蛋白质，然后用乙醇沉淀 RNA，离心收集。

三、实验用品

（一）实验材料

干酵母粉（市售）。

（二）器皿

（1）量筒：25 mL×1。

（2）大试管×1，大塑料离心管×1。

（3）烧杯：50 mL×1。

（4）布氏漏斗：60 mL×1。

（5）抽滤瓶：500 mL×1。

（6）表面皿：6 cm×1。

（7）滴管×1。

（8）玻璃棒×1。

（9）pH 试纸（pH 0.5～5.0）。

（10）离心机。

（11）烘箱。

（12）电子天平。

（三）试剂

（1）NaCl（分析纯）。

（2）6 mol/L 盐酸。

（3）95%乙醇。

四、操作步骤

（1）提取。称取 8 片酵母片，置研钵中充分研磨成粉末，转入大试管中，加入 2.5 g NaCl，再加入 25 mL 蒸馏水，混匀后置于沸水浴中提取 1 h，中间搅拌几次。

（2）分离。将上述提取液取出，用自来水冷却，转入塑料离心管内，以 3500 r/min 离心 10 min，使提取液及菌体残渣等分离。

（3）沉淀 RNA。将离心得到的上清液，倾于 50 mL 烧杯中，并置于放有冰块的磁盘中冷却 5～10 min，待溶液冷至 10 ℃以下时，在搅拌下小心地用 6 mol/L 的盐酸调节 pH 至 2.0～2.5。随着 pH 下降，溶液中的白色沉淀逐渐增加，到等电点时沉淀最多（注意严格控制 pH）。调好后继续于冰水中静置 10 min，使沉淀充分，颗粒变大。

（4）洗涤及抽滤。上述悬浮液以 3000 r/min 离心 10 min，得到 RNA 沉淀。将沉淀物用 95%的乙醇 5 mL 充分洗涤，然后在布氏漏斗上抽气过滤，再用

95%的乙醇 5 mL 淋洗 2 次。由于 RNA 不溶于乙醇，用乙醇洗涤不仅可以脱水，使沉淀物疏松，便于过滤、干燥，而且可以除去可溶性的脂类及色素等杂质，提高了制品的纯度。

(5) 干燥。从布氏漏斗中取下沉淀物，放在表面皿上，铺成薄层，置于 80 ℃的烘箱内干燥。称量干燥后的 RNA 制品质量，并放在干燥器内。

五、结果与分析

根据教师提供的数据或用紫外分光光度法、糖显色法等进行 RNA 制品的含量测定并求出提取率：

$$\text{RNA 提取率} = \frac{\text{RNA 制品质量(g)}}{\text{干酵母质量(g)}} \times 100\%$$

六、思考题

比较用稀碱法和浓盐法从酵母中提取 RNA 的优缺点？

实验五 薄层层析法分离 AMP、ADP 和 ATP

一、目的

学习薄层层析法的基本原理及操作方法。应用 DEAE-纤维素薄层层析分离鉴定核苷酸。

二、原理

二乙氨基乙基纤维素

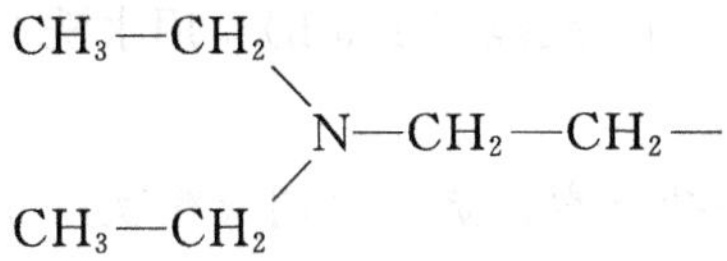

—纤维素，简称 DEAE-纤维素，是弱碱性阴离子交换剂，在 pH 3.5 左右 $\rangle N-$ 解离成 $\rangle N^{+}(Cl^{-})-$ 季铵型，带负电荷的核苷酸离子可被交换上去。利用各种核苷酸的结构不同，因而和 DEAE-纤维素亲和力的大小不同来达到分离的目的。此法具有快速灵敏的特点。

三、实验用品

（一）实验材料

混合核苷酸 AMP＋ADP＋ATP（均为 10 mg/mL）5 mL。

（二）器皿

（1）4.5 cm×20 cm 玻璃板，烧杯 250 mL×1。

（2）布氏漏斗或离心机。

（3）涂布器（薄层厚度为 0.6 mm）。

（4）毛细管。

（5）吹风机。

（6）恒温箱。

（7）托盘天平。

（8）紫外分析灯（波长 254 nm）。

（三）试剂

（1）1 mol/L 盐酸溶液 200 mL。

（2）pH 3.5，0.05mol/L 柠檬酸－柠檬酸钠缓冲液 1000 mL。称取柠檬酸 · $2H_2O$ 16.20 g，柠檬酸钠 · $2H_2O$ 6.70 g，溶解在 1000 mL 水中，调 pH 至 3.5。

（3）标准核苷酸各 5 mL：10 mg/mL 的 AMP、ADP 和 ATP 溶液。

（4）DEAE-纤维素。

四、操作步骤

（1）DEAE-纤维素的预处理。用 4 倍体积的水将 DEAE-纤维素浸泡过夜，离心或抽干。再用 1 mol/L 的盐酸溶液浸泡 4 h（或搅拌 1.5 h）。用水洗至中性再在 60 ℃以下烘干备用。

（2）铺板。用水把经过预处理的 DEAE-纤维素在烧杯里调成糊状，立即倒在干净的玻璃板上。轻轻摇动玻璃板，使 DEAE-纤维素铺成均匀的薄层倒至涂布器的槽内，用涂布器将 DEAE-纤维素涂成薄层（厚 0.6 mm）。将玻璃板先放在水平桌面上静置片刻，再放入 60 ℃烘箱内烘干备用。

（3）点样。在距 DEAE-纤维素板一端 2 cm 处用铅笔轻轻画一横线，在横线中央用毛细管点样。每次点样后，用冷风吹干，每种样品点 2～3 次。

（4）展层。在 250 mL 的烧杯内倒进约 1 cm 深的 pH 3.5 的柠檬酸缓冲液（约 30 mL）。把点过样的 DEAE-纤维素板倾斜插入此烧杯内（点样端在下），溶液由下而上移动，当溶剂前沿到达距 DEAE-纤维素板上端约 1 cm 处时（时间与铺板质量有关，大约 25～50 min 左右），取出 DEAE-纤维素板，用热风吹干，用 $A_{254\ nm}$ 的紫外灯照射 DEAE-纤维素薄板，核苷酸斑点为暗区。DEAE-纤维素可回收，经再处理可反复使用。

五、结果与分析

用铅笔将各色斑的轮廓和中心点描绘出来，然后量出由原点至色斑中心点和溶剂前沿的距离，计算出各种已知和混合样品的 R_f 值并进行比较和鉴定。

六、思考题

（1）薄层层析法的优点是什么？

（2）怎样预处理 DEAE-纤维素？

实验六 质粒 DNA 的分离、纯化和酶切鉴定

一、目的

了解质粒的相关知识，掌握质粒 DNA 的提取及酶切鉴定技术。

二、原理

质粒（plasmid）是一种染色体外的稳定遗传因子，大小不等，长度为 1～200 kb；为双链、共价、闭环的 DNA 分子，并以超螺旋状态存在于宿主细胞中。质粒主要发现于细菌、放线菌和真菌细胞中，它具有自主复制和转录的能力，能在子代细胞中保持恒定的拷贝数，并表达所携带的遗传信息。质粒的复制和转录依赖于宿主细胞编码的某些酶和蛋白质，如果离开宿主细胞则不能存活，而宿主即使没有它们也可以正常存活。质粒的存在使宿主具有一些额外的特性，如对抗生素的抗性等。F 质粒（又称 F 因子或性质粒）、R 质粒（抗药性因子）和 Col 质粒（产大肠杆菌素因子）等都是常见的天然质粒。

从细菌中分离质粒 DNA 的方法包括 3 个基本步骤：培养细菌使质粒扩增、收集和裂解细胞、分离和纯化质粒 DNA。采用溶菌酶可以破坏菌体细胞壁，十二烷基硫酸钠（SDS）和 Triton X-100 可使细胞膜裂解。经溶菌酶和 SDS 或 Triton X-100 处理后，细菌染色体 DNA 会缠绕附着在细胞碎片上，同时由于细菌染色体 DNA 比质粒大得多，易受机械力和核酸酶等的作用而被切断成不同大小的线性片段。当用强热或酸、碱处理时，细菌的线性染色体 DNA 和质粒 DNA 的氢键都断裂、变性。当外界条件恢复正常时，变性的线状染色体 DNA 片段与变性的蛋白质和细胞碎片缠绕在一起难以复性；而质粒 DNA 的两条链由于拓扑缠绕不会彼此分开，很快得以复性，重新形成天然质粒 DNA 的共价闭合环状超螺旋分子状态，并以溶解状态存在于液相中。

在细菌细胞内，共价闭环质粒以超螺旋形式存在。在质粒提取过程中，除了超螺旋 DNA 外，还会产生其他形式的质粒 DNA。如果质粒 DNA 两条链中有一条链发生一处或多处断裂，分子就会旋转并消除链的张力，形成松弛型的环状分子，称开环 DNA；如果质粒 DNA 的两条链在同一处断裂，则形成线状 DNA。当提取的质粒 DNA 电泳时，同一质粒 DNA 其超螺旋形式的泳动速率要比开环和线状分子的泳动速率快。

三、实验用品

（一）实验材料

大肠杆菌 DH5α 或 JM 系列菌株，含 Tubulin（微管蛋白）基因的 pGEM T Easy Vector 质粒。

（二）器皿

（1）电子天平。

（2）1.5 mL 塑料离心管（又称 eppendorf 管）。

（3）离心管架。

（4）微量移液器（20 μL、200 μL、1000 μL），微量移液器吸头。

（5）台式高速离心机。

（6）恒温振荡摇床。

（7）高压灭菌锅。

（8）涡旋振荡器。

（9）电泳装置。

（10）恒温水浴锅等。

（三）试剂

（1）LB 液体培养基：蛋白胨 10 g，酵母提取物 5 g，NaCl 10 g，溶于 800 mL 无离子水中，用 NaOH 调 pH 至 7.5，加无离子水至总体积为 1 L，高压下蒸气灭菌 20 min。

（2）LB 固体培养基：液体培养基中加 12 g/L 琼脂粉，高压灭菌。

（3）氨苄青霉素（Amp）母液：配成 50 mg/ mL 水溶液，−20 ℃保存备用。

（4）溶液Ⅰ：50 mmol/L 葡萄糖，25 mmol/L Tris · HCl，10 mmol/L EDTA (pH 8.0)。溶液Ⅰ可成批配制，每瓶 100 mL，高压灭菌15 min，储存于4 ℃冰箱中。

（5）溶液Ⅱ：0.2 mol/L NaOH（临用前用10 mol/L NaOH 母液稀释），1% SDS，新鲜配制。

（6）溶液Ⅲ：5 mol/L 乙酸钾 60 mL，冰醋酸 11.5 mL，H_2O 28.5 mL，定容至 100 mL，并高压灭菌。

（7）RNaseA 母液：将 RNaseA 溶于 10 mmol/L Tris · HCl，15 mmol/L NaCl（pH 7.5）中，配成 10 mg/ mL 的溶液，于 100 ℃加热 15 min，使其中的

DNaseA 失活。冷却后用 1.5 mL eppendorf 管分装后保存于－20 ℃。

(8) 酚：氯仿 (1：1，V/V)。

(9) 无水乙醇。

(10) 70%乙醇。

(11) TE 缓冲液：10 mmol/L Tris·HCl，1 mmol/L EDTA (pH 8.0)。高压灭菌后储存于 4 ℃冰箱中。

(12) 3 mol/L 乙酸钠溶液 (pH 5.2)：50 mL 水中溶解 40.81 g NaAc·$3H_2O$，用冰醋酸调 pH 至 5.2，加水定容至 100 mL，分装后高压灭菌，储存于 4 ℃冰箱中。

四、操作步骤

(1) 细菌的培养和收集。将含有质粒 pGEM T Easy Vector 的 DH5α 菌种接种在 LB 固体培养基 (含 50 μg/ mL Amp) 中，37 ℃培养 12～24 h。用无菌牙签挑取单菌落接种到 5 mL LB 液体培养基 (含 50 μg/mL Amp) 中，37 ℃振荡培养约12 h 至对数生长后期。

(2) 取 1.5 mL 培养液倒入 1.5 mL eppendorf 管中，4 ℃下 12 000 g 离心 30 s。

(3) 弃去上清液，将 eppendorf 管倒置于吸水纸上数分钟，使液体流尽。

(4) 菌体沉淀重新悬浮于 100 μL 溶液Ⅰ中 (需剧烈振荡)，室温下放置 5～10 min。

(5) 加入新配制的溶液Ⅱ 200 μL，盖紧管口，快速温和颠倒 eppendorf 管数次，以混匀内容物 (千万不要振荡)，冰浴 5 min。

(6) 加入 150 μL 预冷的溶液Ⅲ，盖紧管口，并倒置离心管，温和振荡 10 s，使沉淀混匀，冰浴 5～10 min，4 ℃下 12 000 g 离心 5～10 min。

(7) 上清液移入另一干净 eppendorf 管中，加入等体积的酚：氯仿 (1：1，V/V)，振荡混匀，4 ℃下 12 000 g 离心 5 min。

(8) 将水相再移入干净的 eppendorf 管中，加入 2 倍体积的无水乙醇，振荡混匀后置于－20 ℃冰箱中 20 min，然后 4 ℃下 12 000 g 离心 10 min。

(9) 弃去上清液，将管口敞开倒置于吸水纸上使所有液体流出，加入 1 mL 70%乙醇洗沉淀一次，4 ℃下 1 2000 g 离心 5～10 min。

(10) 吸除上清液，将管倒置于吸水纸上使液体流尽，真空干燥 10 min 或室温干燥。

(11) 将沉淀溶于 20 μL TE 缓冲液 (pH 8.0，含 20 μg/mL RNaseA) 中，储存于－20 ℃冰箱中。

(12) 将上述质粒用宝生物工程（大连）有限公司的EcoRⅠ进行酶切：

EcoRⅠ	1 μL
10×H缓冲液	2 μL
DNA	1 μL
灭菌水	至20 μL

37 ℃水浴3 h。

五、结果与分析

用1.2 %琼脂糖凝胶电泳检测目的片段是否插入。

六、思考题

(1) 质粒DNA经*Eco*RⅠ酶切后，除目的条带外，电泳图谱上会出现几个条带，分别是什么DNA?

(2) 质粒DNA提取过程中，酚：氯仿、无水乙醇、RNaseA的作用分别是什么?

实验七 PCR扩增小麦持家基因 *Tubulin*

一、目的

掌握PCR技术的原理，学习PCR的实验操作方法。

二、原理

多聚酶链式反应（polymerase chain reaction，PCR）是由Mullis等于1985年发明的一种快速体外DNA片段扩增技术，是20世纪80年代分子生物学领域的一项革命性突破，被誉为分子生物学发展史上的又一里程碑。

PCR技术是一种模拟自然DNA复制过程的体外酶促合成特异性核酸片段技术（也称无细胞分子克隆技术）。它以待扩增的两条DNA链为模板，由一对人工合成的寡核苷酸作为引物，通过DNA聚合酶促反应，在体外进行特异DNA序列扩增。其过程包括模板变性（denature）、引物退火（annealing）和用DNA聚合酶延伸（elongation）在内的重复循环过程，使末端被引物5′-端限定的特异性片段呈指数形式累积。由于在每一个循环中新合成的产物可作为下一轮循环的模板，因而每轮循环中靶DNA的拷贝数几乎呈几何级数增长。因此20次PCR循环将产生约一百万倍（2^{20}）的扩增产物，具有操作简单、快速、灵敏度高、特异性强的特点。

三、实验用品

（一）实验材料

模板DNA为约0.05～1 mg小麦基因组DNA或0.002～0.02 mg含有*Tubulin*的质粒DNA。

（二）器皿

（1）PCR扩增仪。
（2）电泳装置。
（3）微量离心机。
（4）微量移液器（1～20 μL和20～200 μL）。

(5) 0.2 mL 离心管。

(6) 紫外检测仪及照相设备。

(三) 试剂

(1) 引物：*Tubulin* 基因正向引物 5′-CTCCTTCCCCATTTCGC-3′ (2 μmol)，*Tubulin* 基因反向引物 5′-CCAGAGCCAGTTCCACCT-3 (2 μmol)。

(2) dNTPs (0.2 mmol/L)。

(3) Taq DNA 聚合酶 (5 U/μL)。

(4) 10×PCR 缓冲液 (500 mmol/L KCl、15 mmol/L $MgCl_2$、100 mmol/L Tris · HCl，pH 8.3)。

(5) 矿物油。

(6) 电泳所需试剂 (同实验二)。

四、操作步骤

(1) 在无菌的 0.2 mL 离心管内加入以下反应物：10×PCR 缓冲液 2.0 μL，dNTPs0.8 μL，正向引物 2.0 μL，反向引物 2.0 μL，Taq DNA 聚合酶 (5 U/μL) 0.5 μL，模板 DNA1.0 μL，灭菌双蒸水补足至 20 μL。

充分混匀，加 10 μL 矿物油，低转速离心后放入 PCR 扩增仪中。

(2) 按照下列 PCR 反应程序进行目的基因的扩增：

95 ℃反应 2 min 后开始以下循环：95 ℃变性反应 20 s；57 ℃退火反应 30 s；72 ℃延伸反应 1 min。

经过 30 个循环后，最后 72 ℃延伸 5 min。循环结束后反应产物置于 4 ℃保存。

五、结果与分析

取 1～5 μL PCR 反应产物进行 1%琼脂糖凝胶电泳，经溴化乙锭染色检测扩增的情况。

六、思考题

(1) 如果电泳检查没有任何 PCR 产物，其原因可能是什么？

(2) 如果电泳检测 PCR 产物呈弥散状 (smear)，其原因可能是什么？

(3) 如果电泳检查出现引物二聚体区带，其原因可能是什么？

第三章 酶

酶是活细胞产生的具有催化能力的生物分子，与生物体的生长、发育、繁殖和运动等一切生命活动密切相关。酶最主要的生物学功能是催化代谢反应，为生命活动提供物质基础和能量来源。绝大多数酶都是蛋白质，近年来发现一些RNA也具有催化功能，称为核酶。和无机催化剂相比，酶催化具有高效性、专一性、易失活、活性可被调控等特点。

酶的分离纯化工作是酶学研究的基础。酶的种类繁多，性质多样，分离纯化方法不尽相同。酶促反应动力学是研究酶促反应速率及其影响因素的科学。这些因素主要包括酶的浓度、底物的浓度、pH、温度、抑制剂和激活剂等。酶促反应动力学的研究有助于阐明酶的结构与功能的关系，也可为酶作用机理的研究提供数据，有助于寻找最有利的反应条件，以便最大限度地发挥酶催化反应的高效率。本章主要介绍酶学研究中常见的实验技术，包括酶的分离、纯化及活性分析，酶促反应的动力学实验等。

实验一　脲酶 K_m 值的测定

一、目的

掌握双倒数作图法测定米氏常数 K_m 值的原理和方法。

二、原理

酶促动力学研究酶促反应的速率以及各种因素，如底物浓度、酶浓度、pH、温度、抑制剂和激活剂等的改变对酶促反应速率的影响。在其他条件不变的情况下，酶促反应速率与底物浓度的关系可用下式表示：$V=\frac{V_{max}[S]}{K_m+[S]}$，这就是米氏方程。式中，$V_{max}$为在给定条件下的最大反应速率；$K_m$ 为米氏常数，即达到最大反应速率一半时的底物浓度，是酶的特征常数。常用的测定米氏常数的方法是双倒数作图法，即以$\frac{1}{V}$为纵坐标，$\frac{1}{[S]}$为横坐标，作图得出一条直线，直线在纵轴上的截距为$\frac{1}{V_{max}}$，在横轴上的截距为$-\frac{1}{K_m}$。

本实验测定脲酶的 K_m 值，脲酶催化下列反应：

$$(NH_2)_2CO+2H_2O\xrightarrow{\text{脲酶}}(NH_4)_2CO_3$$

在碱性条件下，碳酸铵与奈氏试剂作用生成橙黄色的碘化双汞铵。其反应如下：

$$(NH_4)_2CO_3+8NaOH+4(KI)_2HgI_2\longrightarrow$$

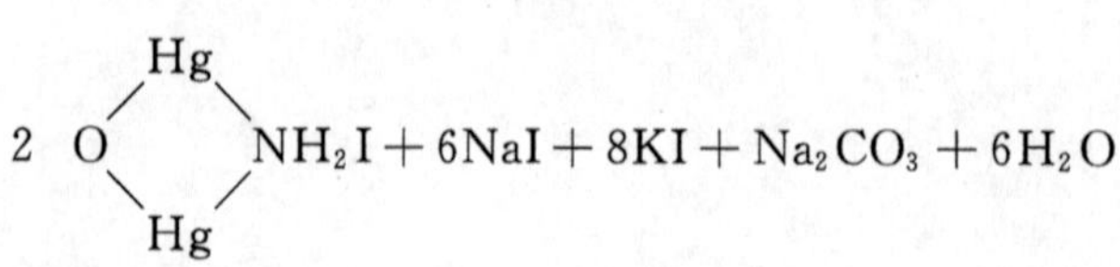

(橙黄色)

在一定浓度范围内，呈色深浅与碳酸铵的量成正比。可在 460 nm 波长处用比色法测定单位时间内酶促反应所产生的碳酸铵的量，从而求得酶促反应速率。选择不同的脲液浓度，使其在脲酶作用下水解，测定相应的酶促反应速率，然后用双倒数作图法即可求得脲酶的 K_m 值。

三、实验用品

（一）实验材料

大豆粉。

（二）器皿

（1）电子天平。
（2）722 型分光光度计。
（3）恒温水浴锅。
（4）离心机。
（5）15 mL 试管×16。
（6）漏斗×5。
（7）移液管：0.5 mL×4，1mL×1，2 mL×1，5 mL×1，10 mL×1。

（三）试剂

（1）不同浓度脲液：称取 6.00 g 分析纯脲，加无离子水溶解，定容至 1000 mL，即为 1/10 mol/L 的脲液，进一步稀释成 1/40 mol/L、1/60 mol/L、1/80 mol/L、1/100 mol/L 等不同浓度脲液。

（2）1/15 mol/L pH 7.0 的磷酸缓冲液：取 1/15 mol/L 的 Na_2HPO_4 溶液 60 mL 和 1/15 mol/L 的 KH_2PO_4 溶液 40 mL，混匀即可。

（3）10%的 $ZnSO_4$：20 g $ZnSO_4$ 溶于 200 mL 蒸馏水中。

（4）0.5 mol/L 的 NaOH：5 g NaOH，水溶后定容至 250 mL。

（5）10%的酒石酸钾钠：20 g 酒石酸钾钠溶于 200 mL 蒸馏水中。

（6）奈氏试剂：称取 5 g KI，溶于 5 mL 无离子水中，加入饱和 $HgCl_2$ 溶液（100 mL 水约溶解 5.7 g $HgCl_2$），并不断搅拌，直至产生的朱红色沉淀不再溶解时，再加 40 mL 50%的 NaOH 溶液，稀释至 100 mL，混匀，静置过夜，倾出上清液储存于棕色瓶中。

（7）0.001 25 mol/L 的 $(NH_4)_2SO_4$ 标准液：准确称取 0.17 g 硫酸铵，水溶后定容至 1000 mL。

（8）30%的乙醇：60 mL 95 %的乙醇，加水 130 mL，摇匀。

四、操作步骤

（一）脲酶的提取

称取 4 g 大豆粉，加 100 mL 30%的乙醇，充分摇匀后置于冰箱中过夜，次日于 2000 r/min 离心 3 min，取上清液备用。

（二）测定

(1) 取试管 5 支编号，按下表加入试剂和操作。

试剂及操作	试管号				
	1	2	3	4	5
脲液浓度/(mol/L)	1/40	1/60	1/80	1/100	1/100
脲液加入量/mL	0.5	0.5	0.5	0.5	0.5
pH 7.0 磷酸缓冲液/mL	2.0	2.0	2.0	2.0	2.0
37 ℃水浴保温/min	5	5	5	5	5
脲酶加入量/mL	0.5	0.5	0.5	0.5	0
煮沸脲酶加入量/mL	0	0	0	0	0.5
37 ℃水浴保温/min	10	10	10	10	10
加 10%的 $ZnSO_4$/mL	0.5	0.5	0.5	0.5	0.5
无离子水/mL	5.0	5.0	5.0	5.0	5.0
0.5 mol/L 的 NaOH/mL	0.5	0.5	0.5	0.5	0.5

摇匀各试管，静置 5 min 后过滤。

(2) 另取试管 5 支编号，与上述各试管对应，按下表加入试剂。

试剂及操作	试管号				
	1	2	3	4	5
上述各试管取滤液/mL	1.0	1.0	1.0	1.0	1.0
无离子水/mL	4.5	4.5	4.5	4.5	4.5
10%的酒石酸钾钠/mL	0.5	0.5	0.5	0.5	0.5
0.5 mol/L 的 NaOH/mL	0.5	0.5	0.5	0.5	0.5
奈氏试剂/mL	1.0	1.0	1.0	1.0	1.0

迅速混匀，然后在 460 nm 波长下用 1 cm 光径的比色杯测定吸光度。

（三）制作标准曲线

按下表加入试剂。

试剂及操作	试管号					
	1	2	3	4	5	6
0.001 25 mol/L 的 $(NH_4)_2SO_4$/mL	0	0.1	0.2	0.3	0.4	0.5
无离子水/mL	5.5	5.4	5.3	5.2	5.1	5.0
10%的酒石酸钾钠/mL	0.5	0.5	0.5	0.5	0.5	0.5
0.5mol/L 的 NaOH/mL	0.5	0.5	0.5	0.5	0.5	0.5
奈氏试剂/mL	1.0	1.0	1.0	1.0	1.0	1.0

立即混匀各试管，在 460 nm 波长下比色。

五、结果与分析

在标准曲线上查出脲酶作用于不同浓度脲液生成碳酸铵的量，然后以单位时间内碳酸铵生成量的倒数即 $1/V$ 为纵坐标，以对应的脲液浓度倒数即 $1/[S]$ 为横坐标作图，从直线与横轴交点求出 K_m 值。

六、附注

（1）准确控制各试管酶的反应时间，使其尽量一致。

（2）按表中顺序加入各种试剂。

（3）奈氏试剂腐蚀性强，勿洒在试管架和实验台面上。

七、思考题

除了双倒数作图法，还有哪些方法可求得 K_m 值?

实验二　聚丙烯酰胺凝胶电泳分离小麦幼苗过氧化物酶同工酶

一、目的

通过本实验要求掌握电泳技术的原理、方法及凝胶配制等知识，熟悉主要的操作过程，同时增强对同工酶的感性认识。

二、原理

同工酶是指能催化同一种化学反应，但其酶蛋白本身的分子结构、组成却有所不同的一组酶。研究表明，植物在发育过程中，所含同工酶的种类和比例都不相同，它们与植物的遗传、生长发育、代谢调节及抗性等都有一定的关系，因此作为基因表达的产物，测定同工酶谱是认识基因存在和表达的一种工具，在植物的种群、发育及杂交遗传的研究中有重要的意义。

过氧化物酶是植物体内普遍存在的活性较高的一种酶。它与呼吸作用和光合作用等代谢过程都有关系。在植物生长发育过程中，它的活性不断发生变化，测定这种酶的活性或其同工酶，可以反映某一时期植物体内代谢的变化。

利用聚丙烯酰胺凝胶电泳法测定同工酶，方法简便、灵敏度高、重现性强、测定结果便于观察、记录和保存。本实验采用聚丙烯酰胺凝胶垂直板电泳技术，分离小麦幼苗过氧化物酶同工酶，根据酶催化的反应，通过染色方法显示出酶的不同区带，以鉴定小麦幼苗过氧化物酶同工酶。

1. 电泳

带电粒子在电场中向与其自身所带电荷相反的电极移动，这种现象称为电泳。近几十年来，电泳作为一项有效的分析、分离和制备技术发展很快，在生产、科研和医疗工作中得到了广泛应用。用电泳技术分离、分析蛋白质、酶、核酸等生物大分子，有较高的分辨率，目前已成为生物科学研究中必不可少的手段之一。

2. 影响电泳的主要因素

若将带净电荷 q 的粒子放入电场，则该粒子所受到的引力 $F_{引}$ 可用数学式表示如下：

$$F_{引} = Eq \tag{3.1}$$

式中，E 为电场强度（V/cm），表示电场中单位距离上的电位差。

如果这种情况发生在真空中，则带电粒子会朝着电极加速前进并且最后与电极相撞。但在溶液中，由于电场的牵引力 $F_{引}$ 与加速运动的粒子和溶液之间产生的阻力（即摩擦力）$F_{阻}$ 相对抗，故上述现象不会发生。根据 Stokes 公式，阻力的大小取决于粒子的大小和形状以及所在介质的黏度：

$$F_{阻} = 6\pi r\eta v \tag{3.2}$$

式中，$F_{阻}$ 为球形粒子所受的阻力；r 为球形粒子的半径；η 为溶液的黏度；v 为粒子移动的速率。在溶液中，由电场而产生的加速力被阻力所对抗，因此，

$$Eq = 6\pi r\eta v \tag{3.3}$$

将式（3.3）整理得

$$v = \frac{Eq}{6\pi r\eta} \tag{3.4}$$

由此可以看出，粒子移动的速率（v）与电场强度（E）和粒子所带电荷量（q）成正比，而与粒子的大小（r）和溶液的黏度（η）成反比。非球形粒子（如 DNA）在电泳过程中会受到更大的阻力，即粒子的移动速率还与粒子的形状有关。

既然在一定 pH 条件下，每一个分子都具有特殊的电荷（种类与数量）、大小和形状，在一定的时间内它在相同的电场中便应集中到特定的位置上而形成紧密的泳动带。这就是带电粒子可以用电泳技术进行分离、分析、鉴定的基本原理。

由于带电粒子的泳动速率受电场强度的影响，使得同一带电粒子在不同电场里泳动速率不同。为了便于比较，常用迁移率（或称泳动度）代替泳动速率表示粒子的泳动情况。迁移率的定义为“带电粒子在单位电场强度下的泳动速率”，若以 m 表示迁移率，则

$$m = \frac{v}{E} \tag{3.5}$$

将式（3.4）代入式（3.5），得

$$m = \frac{\frac{Eq}{6\pi r\eta}}{E} = \frac{q}{6\pi r\eta} \tag{3.6}$$

由式（3.6）可以看出，迁移率仅与球形粒子所带电荷的数量、粒子大小及溶液黏度有关，而与电场强度无关。由于氨基酸、蛋白质、酶等的解离度 α 随溶液 pH 变化而不同，所以实际上常使用有效迁移率。有效迁移率 u 为迁移率 m 和当时条件下解离度 α 的乘积。即

$$u = m\alpha \tag{3.7}$$

将式（3.6）代入式（3.7），得

$$u = \frac{q\alpha}{6\pi r\eta} \tag{3.8}$$

由式（3.8）可以看出，凡能影响溶液黏度 η 的因素（如温度），影响分子带电量 q 及解离度 α 的因素（如 pH 的改变），都会对有效迁移率产生影响。因此，电泳应尽可能在恒温条件下进行，并选用一定 pH 的缓冲液。同时，所选用的 pH 以能扩大各种被分离物质所带电荷量的差异为好，以利于分离各种成分。

以上讨论的基本上是在溶液中进行自由电泳的情况。在支持介质中进行的各种电泳，除受以上因素影响外，有效迁移率还受电渗现象的影响。所谓电渗是指在电场中，液体对于固体支持物的相对移动。例如，在纸电泳中，由于滤纸（纤维素）上带有负电荷，因感应相吸而使与滤纸相接触的水溶液带正电荷，从而使液体向负极移动，带动着本来向负极泳动的物质以更快的速率移动。因此，电泳时应避免用高电渗物质作支持介质。

最后要考虑选用离子强度适宜的溶液。一般最合适的离子强度为 0.02～0.2。在稀溶液中，离子强度 I 可用下式计算：

$$I = \frac{1}{2}\Sigma m_i Z_i^2 \tag{3.9}$$

式中，m_i 为离子的质量摩尔浓度；Z_i 为离子的价数。

3. 聚丙烯酰胺凝胶

聚丙烯酰胺凝胶电泳是以聚丙烯酰胺凝胶作为载体的一种区带电泳。这种凝胶是以丙烯酰胺单体（acrylamide，Acr）和交联剂 N，N'-亚甲基双丙烯酰胺（N，N'-methylene bisacrylamide，Bis）在催化剂的作用下聚合而成的。

Acr 和 Bis 在单独存在或混合在一起时是稳定的，且具有神经毒性，操作时应避免接触皮肤。但在具有自由基体系时，它们聚合。引发产生自由基的方法有两种，即化学法和光化学法。

化学聚合的引发剂是过硫酸铵 $(NH_4)_2S_2O_8$（ammonium persulfate，Ap），催化剂是 N,N,N',N'-四甲基乙二胺（tetramethylenediamine，TEMED）。在催化剂 TEMED 的作用下，由过硫酸铵（Ap）形成的自由基又使单体形成自由基，从而引起聚合作用。TEMED 在低 pH 时失效，会使聚合作用延迟；冷却也可使聚合速率变慢；一些金属抑制聚合；分子氧阻止链的延长，妨碍聚合作用。这些因素在实际操作时都应予以控制。

光聚合以光敏感物核黄素（即维生素 B_2）作为催化剂，在痕量氧存在下，核黄素经光解形成无色基，无色基被氧再氧化成自由基，从而引起聚合作用。

光聚合形成的凝胶孔径较大，而且随着时间的延长而逐渐变小，不太稳定，所以用它制备大孔径的浓缩胶较为合适。采用化学聚合形成的凝胶孔径较小，而且重复性好，常用来制备分离胶。

聚丙烯酰胺是 Acr 和 Bis 的聚合交联产物。由于乙烯基（$CH_2=CH—$）一个接一个的聚合作用，因而形成了丙烯酰胺链的交联，从而形成了三维空间的凝胶网络（图 3.1），使凝胶具有分子筛性质。网状结构还能限制蛋白质等样品的扩散运动，使凝胶具有良好的抗对流作用。此外，长链上富含酰胺基团，使其成为稳定的亲水凝胶。该结构中不带电荷，在电场中电渗现象极为微小。这些特点使得聚丙烯酰胺凝胶适合作区带电泳的支持介质。

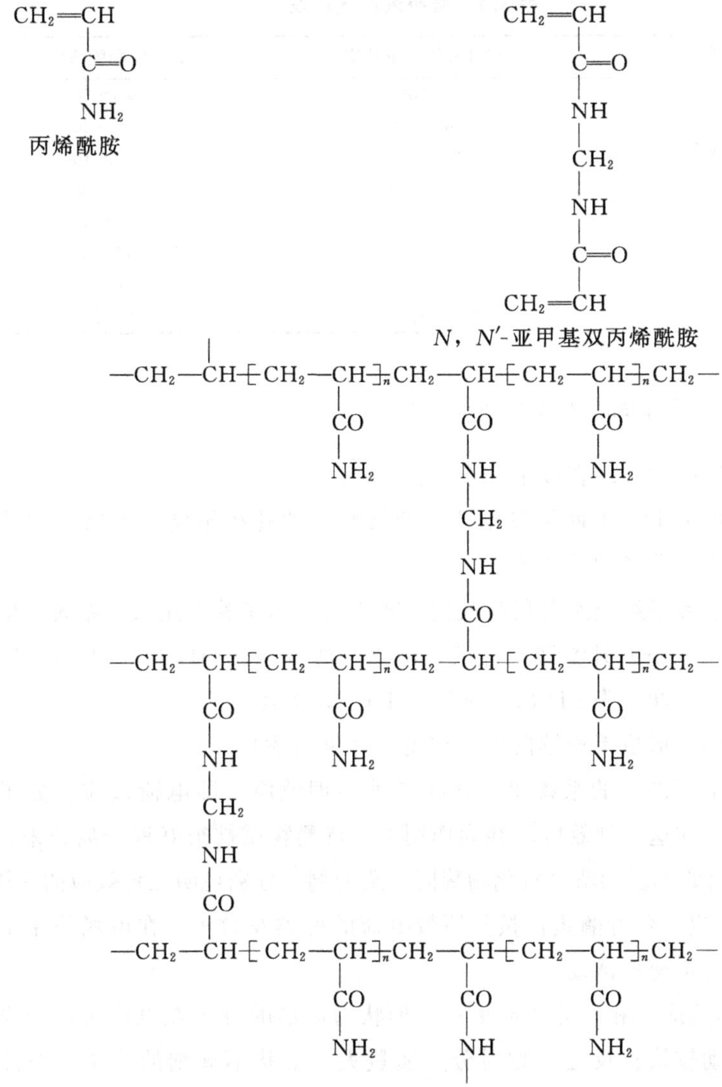

图 3.1　Acr 与 Bis 的交联

聚丙烯酰胺凝胶的质量主要由凝胶浓度和交联度决定。每 100 mL 凝胶溶液中含有的单体（Acr）和交联剂（Bis）的总质量（g）称为凝胶浓度，用 $T\%$ 表示。凝胶溶液中，交联剂（Bis）占单体（Acr）和交联剂（Bis）总量的百分数称为交联度，用 $C\%$ 表示。改变凝胶浓度以便适应各种样品的分离。一般常用 7.5% 浓度的聚丙烯酰胺凝胶分离蛋白质，而用 2.4% 浓度的聚丙烯酰胺凝胶分离核酸。根据蛋白质与核酸的相对分子质量不同，适用的浓度也不同（表 3.1）。

表 3.1　凝胶浓度选用表

物　质	相对分子质量范围	适用的凝胶浓度/%
蛋白质	$<10^4$	20～30
	$1\times10^4\sim4\times10^4$	15～20
	$4\times10^4\sim1\times10^5$	10～15
	$1\times10^5\sim5\times10^5$	5～10
	$>5\times10^5$	2～5
核　酸	$<10^4$	15～20
	$10^4\sim10^5$	5～10
	$10^5\sim2\times10^6$	2～2.6

4. 不连续聚丙烯酰胺凝胶电泳的原理

系统的不连续性表现在以下几个方面。

（1）凝胶板由上、下两层胶组成，两层凝胶的孔径不同。上层为大孔径的浓缩胶，下层为小孔径的分离胶。

（2）缓冲液离子组成及各层凝胶的 pH 不同。本实验采用碱性系统，电极缓冲液为 pH 8.3 的 Tris-甘氨酸缓冲液，浓缩胶缓冲液为 pH 6.7 的 Tris-HCl 缓冲液。而分离胶缓冲液为 pH 8.9 的 Tris-HCl 缓冲液。

（3）在电场中形成不连续的电位梯度（详见后述）。

在这样一个不连续的系统里，存在三种物理效应，即电荷效应、分子筛效应和浓缩效应。在这三种效应的共同作用下，待测物质被很好地分离开来。下面以本实验要分离的小麦幼苗过氧化物酶同工酶为例，分别说明三种效应的作用。

1）电荷效应。各种酶蛋白按其所带电荷的种类及数量，在电场作用下向一定的电极、以一定速率泳动。

2）分子筛效应。相对分子质量小、形状为球形的分子在电泳过程中受到的阻力较小，移动较快；反之，相对分子质量大、形状不规则的分子在电泳过程中受到的阻力较大，移动较慢。这种效应与凝胶过滤过程中的情况不同。

3）浓缩效应。待分离样品中的各组分在浓缩胶中会被压缩成层，而使原来很稀的样品得到高度浓缩。其原因如下：①由于两层凝胶孔径不同，酶蛋白向下移动到两层凝胶界面时，阻力突然加大，速率变慢。使得在该界面处的待分离酶蛋白区带变窄，浓度升高。②在聚丙烯酰胺凝胶中，虽然浓缩胶和分离胶用的都是 Tris-HCl 缓冲液，但上层浓缩胶为 pH 6.7，下层分离胶为 pH 8.9。HCl 是强电解质，不管在哪层胶中，HCl 几乎都全部电离，Cl^- 布满整个胶板。待分离的酶蛋白样品加在样品槽中，浸在 pH 8.3 的 Tris-甘氨酸缓冲液中。电泳一开始，有效泳动率最大的 Cl^- 迅速跑到最前边，成为快离子（前导离子）。在 pH 6.7 条件下解离度仅有 0.1%～1%的甘氨酸（pI=6.0）有效泳动率最低，跑在最后边，成为慢离子（尾随离子）。这样，快离子和慢离子之间就形成了一个不断移动的界面。在 pH 6.7 条件下带有负电荷的酶蛋白，其有效泳动率介于快慢离子之间，被夹持分布于界面附近，逐渐形成一个区带。

由于快离子快速向前移动，在其原来停留的那部分地区成了低离子浓度区，即低电导区。因为电位梯度 V、电流强度 I 和电导率 S 之间有如下关系：

$$V = \frac{I}{S}$$

所以在电流恒定条件下，低电导区两侧就产生了较高的电位梯度（图 3.2）。这种在电泳开始后产生的高电位梯度作用于酶蛋白和甘氨酸慢离子加速前进，追赶快离子。本来夹在快慢离子之间的酶蛋白区带，在这个追赶中被逐渐地压缩聚集成一条更为狭窄的区带。这就是所谓的浓缩效应。在此区带中，各种酶蛋白又按其电荷而分成不同层次，在进入分离胶前被初步分离，形成若干条离得很近但又不同的“起跑线”。

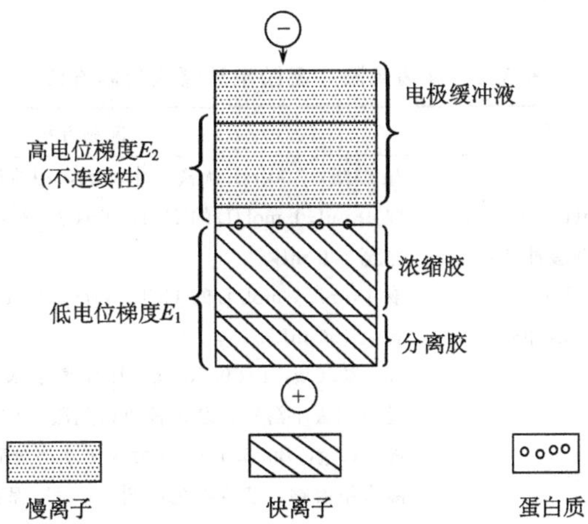

图 3.2　不连续的电位梯度

当酶蛋白和慢离子都进入分离胶后，pH 从 6.7 变为 8.9，甘氨酸解离度剧增，有效迁移率迅速加大，从而赶上并超过所有酶蛋白分子。此时，快慢离子的界面跑到被分离的酶蛋白之前，不连续的高电位梯度不再存在。于是，此后的电泳过程中，酶蛋白在一个均一的电位梯度和 pH 条件下，仅按电荷效应和分子筛效应而被分离。与连续系统相比，不连续系统的分辨率大大提高，因此已成为目前广泛使用的分离分析手段。

三、实验用品

（一）实验材料

小麦幼苗。

（二）器皿

（1）电子天平。

（2）垂直板电泳槽及附件（玻璃板、电泳槽、梳子、导线等）。

（3）稳压稳流直流电泳仪。

（4）高速冷冻离心机。

（5）烧杯：50 mL×2。

（6）微量注射器（50 μL）。

（7）其他：玻璃棒、大培养皿等。

（三）试剂

储液配制方法见表 3.2。

表 3.2　聚丙烯酰胺凝胶电泳储液配制方法

序号	试剂名称	配制方法
1	2%琼脂	2g 琼脂，100 mL 无离子水浸泡，用前加热溶化
2	分离胶缓冲液，pH 8.9（pH 8.9 Tris-HCl 缓冲液）	取 48 mL 1 mol/L 的 HCl，Tris 36.8 g，用无离子水溶解后定容至 100 mL
3	浓缩胶缓冲液，pH 6.7（pH 6.7 Tris-HCl 缓冲液）	取 48 mL 1 mol/L 的 HCl，Tris 5.98 g，用无离子水溶解后定容至 100 mL
4	分离胶储液	Acr 28.0 g，Bis 0.735 g，用无离子水溶解后定容至 100 mL，过滤除去不溶物，装入棕色试剂瓶，4 ℃保存
5	浓缩胶储液	Acr 10 g，Bis 2.5 g，用无离子水溶解后定容至 100 mL，过滤除去不溶物，装入棕色试剂瓶，4 ℃保存
6	过硫酸铵溶液（Ap）	0.75 g 过硫酸铵溶于 300 mL 无离子水中（当天配制）
7	四甲基乙二胺（TEMED）	原液

续表

序号	试剂名称	配制方法
8	核黄素溶液	核黄素 5.0 mg，无离子水溶解后定容至 100 mL
9	电极缓冲液，pH 8.3 （pH 8.3 Tris-甘氨酸缓冲液）	Tris 6 g，甘氨酸 28.8 g，溶于无离子水后定容至 1000 mL，用时稀释 10 倍
10	40%的蔗糖溶液	蔗糖 40 g，溶于 100 mL 无离子水中
11	样品提取液 （pH 8.0 Tris-HCl 缓冲液）	Tris 12.1 g，加无离子水 1000 mL，以 HCl 调节 pH 至 8.0
12	0.5%的溴酚蓝溶液	0.5 g 溴酚蓝溶于 100 mL 无离子水中
13	维生素 C-联苯胺染色液	储液：2 g 联苯胺＋18 mL 冰醋酸＋72 mL 无离子水维生素 C-联苯胺染色液：352.5 mg 维生素 C＋100 mL 储液＋100 mL 0.6%的 H_2O_2，最后定容到 500 mL（当天配制）

配制储液时，应注意：

(1) 配好的储液用棕色瓶盛装置冰箱内保存，可放 1～2 个月。

(2) 过硫酸铵及显色液应当天配制。

(3) 如有不溶物要过滤。

(4) 电极缓冲液用时稀释 10 倍。

四、操作步骤

（一）电泳槽的安装

将玻璃板用去污剂洗净，再用蒸馏水冲洗，直立干燥。干燥后在玻璃板两侧连续涂上凡士林，然后安装在电泳槽上（图 3.3），用夹子固定，底部用 2%的

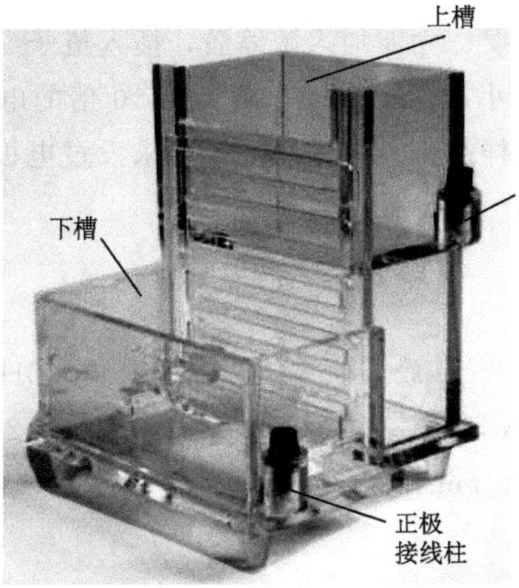

图 3.3　小垂直板电泳槽

琼脂封底。电泳槽的垂直平面两侧各有一个硅胶条，在玻璃板和电泳槽的垂直平面之间距离约为1.5 mm，这样形成一个“胶室”，凝胶液就在这两板之间的胶室内聚合成平板胶。待琼脂凝固后即可灌制凝胶。

（二）凝胶的制备

将储液从冰箱取出，待与室温平衡后再配制工作液。

（1）按表3.3中的比例配制分离胶。

表3.3 分离胶的配制

名称	分离胶缓冲液	分离胶	过硫酸铵	无离子水
体积比例	1	2	4	1
取用量/mL	2	4	8	2

将分离胶沿玻璃板加入胶室内至适当高度，小心不要产生气泡，立即覆盖2～3 mm的水层（或水饱和正丁醇），静置待聚合（约40 min），当胶与水层的界面重新出现时表明胶已聚合。

（2）按表3.4比例配制浓缩胶。

表3.4 浓缩胶的配制

名称	浓缩胶缓冲液	浓缩胶	核黄素	蔗糖
体积比例	1	2	1	2
取用量/mL	1	2	1	2

先倒掉分离胶上的水层，立即加入浓缩胶，插入梳子（即样品槽模板）照光使胶聚合，待胶凝后，小心取出梳子。将稀释10倍的电极缓冲液倒入两槽中，上槽缓冲液要求没过样品槽，下槽缓冲液要求没过电极，准备点样和进行电泳。

（三）样品的制备

称取小麦幼苗茎部0.5 g，放入研钵内，加提取液（pH 8.0 Tris-HCl缓冲液）1 mL，于冰浴中研成匀浆，然后以2 mL提取液分2次洗入离心管，于4℃、10 000 r/min离心10 min，倒出上清液，与等量的40%蔗糖混合，留作点样用。

（四）点样

用微量注射器（50 μL）吸取少量样液，每个点样槽加 15～50 μL。点样时须小心，防止样品液的扩散。

（五）电泳

在上、下电泳槽中加入电极缓冲液，并在上槽电极缓冲液中加一滴溴酚蓝，混匀。连接好电源线（上槽为负极）。打开电源开关，调节电流到每个点样孔 1 mA 左右，样品进入分离胶后加大到每孔 2 mA，维持恒流。待指示染料下行到距胶板末端 1 cm 处，即可停止电泳。将调节旋扭调至零，关闭电源，电泳约 90 min。

（六）剥胶

倒掉电极缓冲液，取下夹子。掀开玻璃，去掉浓缩胶，用玻璃棒协助将分离胶放到大培养皿中。

（七）染色、记录结果

在大培养皿中加入适量维生素 C -联苯胺染色液，淹没整个胶板，于室温下显色 20 min，即得到过氧化物酶同工酶的红褐色酶谱。该酶染色原理如下：过氧化物酶分解 H_2O_2 产生氧自由基，后者使联苯胺发生反应生成褐色化合物。所以用染色液浸泡凝胶时，有过氧化物酶同工酶蛋白质条带的部位便出现褐色的谱带。于日光灯下观察记录酶谱，绘图或照相。

五、附注

（1）如果室温较高，可适当降低电流，延长电泳时间或采取降温措施，以免温度过高造成酶活性降低。

（2）工业纯丙烯酰胺（Acr）和 *N*，*N*′-亚甲基双丙烯酰胺（Bis）的纯化方法。

1）Acr 的纯化。称取 70 g 的 Acr，于 50 ℃溶于 1 L 三氯甲烷（AR）中，趁热过滤，滤液冷至－20 ℃，使其结晶，低温下用布氏漏斗抽滤，用冷的三氯甲烷短时间冲洗，继续抽滤，收集结晶，在真空干燥器中彻底干燥。将白色纯结晶保存于棕色瓶中，熔点为（84.5±0.3）℃。

2）Bis 的纯化。称取 12 g 的 Bis 溶于 40～50 ℃的 1 L 丙酮（AR）中，趁热

过滤，慢慢冷至－20 ℃，低温下过滤或离心收集结晶。用冷丙酮洗涤后，真空干燥。白色结晶保存于棕色瓶中。

六、思考题

(1) 电泳要求的基本条件有哪些？

(2) 丙烯酰胺凝胶电泳的制胶过程中，哪些因素影响胶的聚合？

(3) 电泳系统的不连续性表现在哪几个方面？存在哪几种物理效应？

(4) 简述过氧化物酶同工酶染色的原理。

实验三　酵母醇脱氢酶的分离、提纯

一、目的

学习和掌握醇脱氢酶分离提取及初步纯化的原理和方法。

二、原理

以酵母为原料，利用热变性和有机溶剂沉淀蛋白质等方法，提取具有一定纯度的醇脱氢酶。在提纯过程中，每经一步提纯处理，都需要测定酶蛋白质的含量和活力，并计算比活力。比活力是检验酶纯度的指标，比活力提高，证明提纯方法有效，酶制剂的纯度提高了。醇脱氢酶能催化乙醇脱氢变成乙醛，脱下的氢使醇脱氢酶辅酶 NAD^+ 还原。

$$CH_3CH_2OH + NAD^+ \longrightarrow CH_3CHO + NADH + H^+$$

当 CH_3CH_2OH 大量存在时，NAD^+ 被还原的速率与酶活力成正比，酶活力越高，单位时间内产生的 NADH 越多。NADH 对 340 nm 的紫外线有较强吸收，NAD^+ 无此能力，因此可用测定 $A_{340\ nm}$ 的方法测得反应体系中 NADH 的生成量，从而得知酶活力的大小。

三、实验用品

（一）实验材料

干酵母粉。

（二）器皿

（1）烧杯 150 mL×2。
（2）量筒 100 mL×1，10 mL×1。
（3）15 mL 试管×20。
（4）移液管 5 mL×2，1 mL×1，0.5 mL×1，0.1 mL×5。
（5）水浴锅。
（6）电子天平。
（7）离心机。

(8) 分光光度计。

(9) 紫外分光光度计。

(10) 透析袋（截留相对分子质量 14 000）。

(11) 胶头滴管。

（三）试剂

(1) 3 mol/L 的乙醇溶液：量取无水乙醇 174.6 mL，加蒸馏水稀释至 1000 mL。

(2) 0.06 mol/L 的焦磷酸钠溶液（pH 8.5）：称取焦磷酸钠（$Na_4P_2O_2 \cdot 10H_2O$）22.56 g，加适量蒸馏水溶解，定容至 1000 mL。

(3) 0.0015 mol/L 的 NAD^+ 溶液：称取 NAD^+ 0.0995 g，加适量蒸馏水溶解，定容至 1000 mL。

(4) 0.01 mol/L 的磷酸氢二钾溶液：称取 1.74 g 磷酸氢二钾（K_2HPO_4），加适量蒸馏水溶解，定容至 1000 mL。

(5) 丙酮（AR）。

(6) 0.066 mol/L 的磷酸氢二钠溶液：称取 9.37 g 磷酸氢二钠（Na_2HPO_4），加适量蒸馏水溶解，定容至 1000 mL。

(7) 1000 μg/mL 的牛血清白蛋白溶液：称取 100.00 mg 牛血清白蛋白，溶于 100 mL 蒸馏水中，配制成标准蛋白溶液。

(8) 考马斯亮蓝 G-250 溶液：称取 100 mg 考马斯亮蓝 G-250，溶于 50 mL 90%的乙醇中，加入 85%（*m*/*V*）的磷酸 100 mL，最后用蒸馏水定容到 1000 mL，过滤，常温下可放置 1 个月。

四、操作步骤

（一）酵母醇脱氢酶的分离、纯化

1. 粗提

称取 10 g 干酵母粉于 150 mL 的烧杯中，加 0.066 mol/L 的 Na_2HPO_4 40 mL，37 ℃水浴保温 1 h，不断搅拌，然后再在室温下提取 3 h。离心 20 min (4000 r/min)，取上清液 2 mL，测定蛋白质的含量和酶活力，其余上清液量得体积后移至另一个烧杯中。

2. 热变性沉淀杂蛋白质

将步骤 1 中获得的上清液在 55 ℃保温 15～20 min，不断慢速搅拌，然后立即置于冷水中冷却，离心 20 min（4000 r/min）。取上清液 2 mL 测定蛋白质的含量和酶活力，其余上清液量得体积后，移至烧杯中。

3. 有机溶剂沉淀杂蛋白质

将步骤 2 中获得的上清液置于盐冰浴中降温至－2 ℃以下，按 100 mL 上清液加 50 mL 丙酮的比例，加入预冷的丙酮，边加边搅拌，然后放置片刻，低温离心 15 min（4 ℃，4000 r/min）。取上清液 2 mL，测定蛋白质的含量和酶活力。其余上清液量得体积后，倒于已置于盐冰浴的烧杯中。

4. 有机溶剂沉淀酶蛋白

按 100 mL 上清液加 55 mL 丙酮的比例，逐滴加入预冷的丙酮，边加边搅拌，低温离心 15 min（4 ℃，4000 r/min）。弃去上清液，将沉淀溶于少量蒸馏水中，转移至透析袋中，透析 2～3 h（4 ℃冰箱进行）。离心除去沉淀，上清液即为达到一定纯度的醇脱氢酶制剂。

（二）酶活力测定

样品液及酶制剂均需用 0.01 mol/L 的磷酸氢二钾溶液稀释，稀释倍数如下：

V（粗提取液）：V（K_2HPO_4）＝1∶4

V（热变性去杂蛋白质样品液）：V（K_2HPO_4）＝1∶9

V（有机溶剂去杂蛋白质样品液）：V（K_2HPO_4）＝1∶9

V（酶制剂）：V（K_2HPO_4）＝1∶9

吸取 0.06 mol/L 的焦磷酸钠溶液（pH 8.5）0.5 mL、3 mol/L 的乙醇溶液 0.1 mL、0.0015 mol/L 的 NAD^+ 溶液 0.1 mL、蒸馏水 2.2 mL 置于石英比色杯中，加入已稀释的样品液或酶制剂 1 mL，立即混匀，测定 $A_{340\ nm}$，以后每隔 15 s 测一次，直至 $A_{340\ nm}$ 不变，记下反应时间和 $A_{340\ nm}$ 读数。

于另一石英比色杯中，以蒸馏水代替底物，作空白对照。以每分钟 $A_{340\ nm}$ 增加 0.001 为一个活力单位。

（三）蛋白质含量的测定（考马斯亮蓝 G-250 法）

（1）取 6 支 15 mL 的试管，按下表加入各溶液，作蛋白质标准曲线。

试管编号	0	1	2	3	4	5
1000 μg/mL 的牛血清白蛋白/mL	0	0.2	0.4	0.6	0.8	1.0
蒸馏水/mL	1.0	0.8	0.6	0.4	0.2	0
蛋白质浓度/(μg/mL)	0	200	400	600	800	1000

准确吸取所配各试管溶液 0.1 mL，分别放入另外 6 支试管中，再分别加入 5 mL 考马斯亮蓝 G-250，摇匀后放置 2 min，在 595 nm 波长下，用 722 型分光光度计比色，绘制标准曲线。

(2) 另取 8 支 15 mL 试管，按下表添加试剂。

项目	粗提		热变性去除杂蛋白质		有机溶剂去除杂蛋白质		有机溶剂沉淀酶蛋白	
试管编号	1	2	3	4	5	6	7	8
酶液/mL	0.1	0.1	0.1	0.1	0.1	0.1	0.1	0.1
考马斯亮蓝 G-250/mL	5	5	5	5	5	5	5	5
$OD_{595\ nm}$								

将上述各试管混匀，静置 2 min，测定各试管在 595 nm 下的吸光值。

五、结果与分析

将测得的数据及计算结果填入下表，并进行结果分析。

提纯步骤	总体积	蛋白质浓度	蛋白质含量	酶活力	总活力	比活力	回收率
(1) 粗提							
(2) 热变性去除杂蛋白质							
(3) 有机溶剂去除杂蛋白质							
(4) 有机溶剂沉淀酶蛋白							

六、思考题

(1) 在酶的系列提纯过程中，如何验证每一步提纯过程中除去了杂蛋白质而保留了酶制剂？

(2) 第一步粗提过程中加入 0.066 mol/L 的磷酸氢二钠溶液的作用是什么？

(3) 本实验中为什么分离纯化步骤 3 利用丙酮沉淀了杂蛋白质，而分离纯化步骤 4 则沉淀了酶蛋白？

实验四　苯丙氨酸解氨酶的纯化及活性测定

一、目的

掌握酶提取、纯化的基本操作及酶活力测定方法。

二、原理

酶是由生物体内活细胞产生的具有催化功能的生物大分子，大多数酶的化学成分是蛋白质。酶的分析工作是研究生物体内代谢及其生理机能的基础，而酶的提纯及其活性测定是酶分析工作中不可缺少的重要环节。

酶的提取、纯化，不同的酶有各种不同的方法。常用的有盐析法、柱层析法（包括吸附层析、离子交换层析、分子筛层析及亲和层析等）和电泳等方法。通常是几种方法并用，来达到纯化的目的。

对于酶的活性测定用的最为广泛的是分光光度法。

苯丙氨酸解氨酶（L-phenylalanine ammonialyase，PAL；EC4. 3. 1. 5）是植物次生代谢中的三个关键酶之一，为植物体内苯丙烷类代谢的关键酶，与一些重要的次生物质（如木质素、异黄酮类植保素、类黄酮、花青素等）的合成密切相关，在植物正常生长发育和抵御病菌侵害过程中起重要作用，可以用做植物抗病的指示酶。PAL 催化 L-苯丙氨酸裂解为反式肉桂酸和氨，反式肉桂酸在 290 nm 处有最大吸收值。若酶的加入量适当，$A_{290\ \mathrm{nm}}$升高的速率可在几小时内保持不变，因此通过测定 $A_{290\ \mathrm{nm}}$升高的速率以测定 PAL 活力。本实验规定 1 h 内 $A_{290\ \mathrm{nm}}$增加 0. 01 为 PAL 的 1 个活力单位。酶的比活力是指样品中每毫克蛋白质所含的酶活力单位数。在实验中将会看到，随着 PAL 逐步被纯化，其比活力也在逐步增加。

本实验从小麦幼苗中提取 PAL 并较系统地应用蛋白质化学技术进行纯化和活性测定。

第一部分　PAL 的提取——离心和盐析的应用

一、原理

在蛋白质溶液中加入一定量的中性盐（如硫酸铵或硫酸钠等）使蛋白质沉

淀析出称为盐析。溶液的盐浓度通常以盐溶液的饱和度表示，饱和溶液称 100% 饱和度。沉淀某一种酶所需的具体浓度，需要经实验确定。

根据酶和杂蛋白质在高浓度盐溶液中所带电荷和溶解度的不同，可以进行分级沉淀，以达到酶的初步分离提纯。蛋白质的溶解度和盐浓度的关系可以用下式表示：

$$\lg S = \beta - K_S I$$

式中，S 为蛋白质的溶解度；K_S 为盐析常数；I 为盐浓度（离子强度）；β 为当离子强度等于零时，蛋白质溶解度的对数。

二、实验用品

（一）实验材料

植物组织。

（二）器皿

(1) 高速冷冻离心机。

(2) 研钵 1 套。

(3) 50 mL 烧杯×2。

(4) 20 mL 量筒 ×1。

(5) 15 mL 试管×29，10 mL 离心管×9。

(6) 移液管 5 mL×6，1 mL×3，0.5 mL×2，0.1 mL×2。

(7) 小漏斗×1。

(8) 电子天平。

(9) 722 分光光度计。

(10) 紫外分光光度计。

(11) 恒温水浴锅。

(12) 试管架、剪刀。

（三）试剂

(1) 酶提取液：0.1 mol/L 的 Tris-H_2SO_4 缓冲液 pH 8.3（含 0.1 mol/L 的 Tris、1 mmol/L 的 EDTA-Na_2、5% 的甘油、7 mmol/L 的 β-巯基乙醇，用 H_2SO_4 调 pH 至 8.3）。

(2) 0.02 mol/ L 的苯丙氨酸：称取 3.3 g 苯丙氨酸，加适量蒸馏水溶解，定容至 100 mL。

(3) 0.05 mol/L 的 Tris-H_2SO_4 缓冲液（pH 8.8）：称取 6.05 g Tris，加适量蒸馏水溶解，用 H_2SO_4 调 pH 至 8.8，定容至 1000 mL。

(4) 研细的固体硫酸铵粉末。

(5) 6mol/L HCl。

(6) 1000 μg/ mL 的牛血清白蛋白溶液：称取 100 mg 牛血清白蛋白，溶于 100 mL 蒸馏水中，配制成标准蛋白溶液。

(7) 考马斯亮蓝 G-250：称取 100 mg 考马斯亮蓝 G-250，溶于 50 mL 95% 的乙醇中，加入 85%（*m/V*）的磷酸 100 mL，最后用蒸馏水定容至 1000 mL，此溶液在室温下可放置 1 个月。

三、操作步骤

（一）酶液提取

(1) 取植物材料 2.5 g，剪成小段，放入预冷的研钵中。用量筒量取 10 mL 预冷的酶提取液，先加 6 mL 于冰浴研钵中，将材料研磨至匀浆，用漏斗将其滤入 50 mL 小烧杯中，再用 4 mL 提取液分两次冲洗研钵转移并过滤至小烧杯中。

(2) 将滤液分装在两支离心试管中并配平，然后以 10 000 g 的转速于 4 ℃离心 30 min。

(3) 取离心后的上清液（酶粗提液），量其体积，并取 4 mL 放置于冰箱中，以备测酶的活性和蛋白质含量。

（二）硫酸铵分级沉淀酶蛋白

(1) 用 6 mL 酶粗提液进行盐析，根据体积、温度和硫酸铵饱和度用量表（见附录一中的硫酸铵饱和度的常用表），算出达到 40%饱和度应加入酶液中的硫酸铵量（1.356 g），称取硫酸铵。

(2) 将 6 mL 酶粗提液倒入 50 mL 烧杯内并置于冰浴中，边缓慢搅拌边缓慢加入称好的固体硫酸铵，待全部加完后，再缓慢搅拌 10 min，搅拌结束后静置 10 min，在静置过程中加酶提取液配平。然后于 8000 *g* 下 4 ℃离心 15 min，上清液倒于烧杯内。

(3) 根据硫酸铵饱和度用量表，算出从 40%到 70%饱和度所需硫酸铵用量。

(4) 按上述步骤（2）相同方法处理步骤（2）所得上清液，8000 *g* 离心 15 min 后，弃去上清液，保留沉淀。

(5) 将沉淀溶于 4 mL 酶提取液中，即得酶液。

(三) 酶活力测定

(1) 取 9 支 10 mL 离心管，按下表加入试剂。

项目	空白	盐析前		盐析前稀释 1 倍		盐析后		盐析后稀释 1 倍	
试管编号	0	1	2	3	4	5	6	7	8
缓冲液 pH 8.8/mL	3	2.5	2.5	2.5	2.5	2.5	2.5	2.5	2.5
酶液/mL	—	0.5	0.5	0.5	0.5	0.5	0.5	0.5	0.5
苯丙氨酸/mL	1	1	1	1	1	1	1	1	1
$OD_{290\ nm}$									

(2) 将各试管中的试剂混匀，放入 37 ℃恒温水浴锅保温 30 min，到时间后立即加入 0.5 mL 6 mol/L 的 HCl 终止反应。摇匀后在 4000 *g* 下离心 5 min，取上清液倒入相应试管中。

(3) 测 OD 值：紫外分光光度计预热 10 min，于波长 290 nm 处测定各试管的 $A_{290\ nm}$。(A 大于 0.9 则盐析后的酶液应稀释)。

(四) 蛋白质含量测定（考马斯亮蓝 G-250 法）

(1) 取 6 支 15 mL 的试管，按下表加入各溶液，作蛋白质标准曲线。

试管编号	0	1	2	3	4	5
1000 μg/mL 的牛血清白蛋白/mL	0	0.2	0.4	0.6	0.8	1.0
蒸馏水/mL	1.0	0.8	0.6	0.4	0.2	0
蛋白质浓度/(μg /mL)	0	200	400	600	800	1000

准确吸取所配各试管溶液 0.1 mL，分别放入另外 6 支试管中，再分别加入 5 mL 考马斯亮蓝 G-250，摇匀后放置 2 min，在 595 nm 波长下，用 722 型分光光度计比色，绘制标准曲线。

(2) 另取 8 支 15 mL 的试管，按下表添加试剂。

项目	盐析前		盐析前稀释 1 倍		盐析后		盐析后稀释 1 倍	
试管编号	1	2	3	4	5	6	7	8
酶液/mL	0.1	0.1	0.1	0.1	0.1	0.1	0.1	0.1
考马斯亮蓝 G-250/mL	5	5	5	5	5	5	5	5
$OD_{595\ nm}$								

将上述各试管中的试剂混匀，静置 2 min，测定各试管在 595 nm 下的吸光值。

四、结果与分析

（1）酶活力计算：用 290 nm 下测得的吸光值计算盐析前后和稀释前后的酶活力。

$$\text{酶活力} = \text{OD}/0.01 \times 60/T \times \text{稀释倍数}$$

式中，T 为测定反应时间（30min）。

（2）PAL 比活力计算：

酶比活力＝酶液中 PAL 总活力单位数/酶液中蛋白质总质量（mg）

（3）提纯倍数计算：

$$\text{提纯倍数} = \text{每次比活力} / \text{第一次比活力}$$

五、附注

（1）酶的提取纯化需要在低温下操作。

（2）往酶液中加固体硫酸铵时，注意不能有大颗粒，加的速率也不能过快，防止局部盐浓度过高使蛋白质变性。

六、思考题

盐析前后和稀释前后酶活力变化的原因是什么？

第二部分　PAL 的纯化——分子筛和离子交换层析的应用

一、原理

利用葡聚糖凝胶（Sephadex G-25）动态脱盐能够达到理想的脱盐效果，Sephadex G-25 凝胶颗粒内部具有形状相同、大小相等的锥形细孔，大分子由于超过细孔的直径而不能渗入凝胶内部，随洗脱剂经凝胶颗粒间的空隙先流出柱；而小分子的盐能渗入凝胶颗粒的细孔内，增加了它的流程而后流出，这样就达到了脱盐的目的。

离子交换是指溶液中的离子与靠静电引力结合在某种不溶性载体上的离子进行可逆交换的过程。根据酶和杂蛋白质在溶液中所带电荷的不同，对交换剂的亲和力也不同，在用一定离子强度的溶液洗脱时，在柱内产生了迁移速率的差异，从而达到分离的目的。PAL 在提取液中（pH 8.3）带负电荷，所以本实验选用DEAE-纤维素（阴离子交换剂）作层析的固定相。

二、实验用品

（一）器皿

（1）电子天平。

（2）液相层析装置一套（包括层析柱、部分收集器、恒流泵、梯度洗脱器及核酸蛋白检测仪）。

（3）500 mL 烧杯×2。

（4）滴管×2。

（5）透析袋（截留相对分子质量为14 000）。

（二）试剂

（1）经处理后的Sephadex G-25；经处理平衡后的DEAE-纤维素52。

（2）洗脱液A：50 mmol/L的Tris-H_2SO_4（pH 8.3）、7 mmol/L的巯基乙醇、1 mol/L的EDTA-Na_2、5%的甘油。

（3）洗脱液B：50 mmol/L的Tris-H_2SO_4（pH 8.3）、7 mmol/L的巯基乙醇、1 mmol/L的EDTA-Na_2、5%的甘油、0.6 mmol/L的NaCl。

三、操作步骤

（一）装柱

（1）先将ϕ2.5 cm×30 cm的层析柱垂直固定在铁架上，柱的下端装上乳胶管，并用可调流速的夹子夹住，再在柱下端的1/4处充满洗脱液A（注意在柱的死体积中不能留有气泡）。

（2）然后将事先处理好的Sephadex G-25凝胶悬浆倒入层析柱中，待凝胶颗粒在柱下方沉积1/3床体后，轻轻地将柱下口打开。

（3）待柱内的凝胶全部沉积后，再用洗脱液A进行平衡（注意床面保持平整，溶液不能流干!）。当柱下端流出的溶液pH与上端相同时可以上样。

（4）将ϕ1.5 cm×40 cm的层析柱垂直固定在铁架上，在柱的上口接上加胶柱，下端接上小号乳胶管，并用可调节流速的夹子夹紧。在加胶柱下方5 cm处和层析柱内必须充满洗脱液A，注意不要留有气泡。

（5）然后将处理好的DEAE-纤维素52胶悬浆倒入加胶柱中。在加胶柱的上方进行缓慢搅动，使凝胶颗粒均匀下沉。

（6）当胶粒全部沉积在层析柱内后，打开柱下端，并注意液面位差，开始时如果液压大，使胶在层析柱内压得过紧，这样就会影响洗脱时的流速。

（二）连接层析装置

连接好层析装置后，打开流动系统和电源系统，整机预热 30 min 以上。

（三）上样和洗脱

（1）将层析柱的下端打开，使床面上多余的缓冲液流掉（也可以从上面吸掉），当床面刚露出液面时，立即夹住下端。

（2）将复溶的粗酶液小心地用滴管加到 Sephadex G-25 柱床面上，然后打开下端，待样品恰好进入床体后，再夹住下端。

（3）用少量的洗脱液 A 顺着周围的柱壁洗一下，使残留在柱壁上的酶液洗入床体内。

（4）再打开柱下端，待样品完全进入床体后，再用洗脱液 A 洗脱（在整个操作中床面不能破坏，也不能流干!）。

（5）待第一个洗脱峰出现时就开始收集，直到这个蛋白质峰收完为止。

（6）将收集下来的蛋白质溶液（约 20 mL）装入透析袋，浓缩过夜。

（7）将浓缩后的粗酶液用相同方法加样于 DEAE-纤维素 52 柱上，待样品全部进入床体后，用洗脱液 A 进行洗脱，洗掉没有被交换上去的杂蛋白质，待洗脱曲线回到基线后，就可以进行 NaCl 梯度洗脱。

（8）0～0.6 mol/L 的 NaCl 直线梯度洗脱：先关上两只梯度洗脱杯间的双通活塞，在 1 号杯中加入 150 mL 洗脱液 B，在 2 号杯中加入等体积的洗脱液 A，然后打开双通活塞和搅拌器，开始进行洗脱，洗脱流量控制在 0.4 mL/min，待蛋白质峰开始出现时就进行部分收集，每管收集约 3 mL，直到记录纸上不再出现蛋白质峰为止。

（四）酶活性测定

测定部分收集液各管的 PAL 相对活性，然后将活性较高的各管合并起来。测量总体积，并从中吸取 0.5 mL 稀释 4 倍后，测定 PAL 总活性。

（五）样品中蛋白质含量的测定

取一定量样品测定蛋白质含量，并根据总活性计算出比活力。

四、结果与分析

（1）PAL 比活力计算：

酶比活力＝酶液中 PAL 总活力单位数/酶液中蛋白质总质量（mg）

（2）利用层析后的酶比活力计算提纯倍数

提纯倍数＝比活力（层析后）/第一次比活力

五、附注

（1）装柱时，凝胶悬浆不要太稠也不要太稀，太稠则易带入气泡，太稀则不能一次装完。一般膨胀胶∶缓冲液以 2∶1（V/V）为宜。

（2）Sephadex G-25 脱盐，上样量（样品体积）不能超过床体积的五分之一。

（3）上样和调换缓冲液时，要保持床面平整，同时床面不能流干！

六、思考题

如何保证离子交换纤维素有较高的交换量和较理想的分离效果？

实验五　过氧化物酶活性的测定

一、目的

通过本实验学习并掌握过氧化物酶活性测定的原理及方法——愈创木酚法。

二、原理

过氧化物酶（PO，EC. 1. 11. 1. 7）广泛存在于植物体中，是活性较高的一种酶。它与呼吸作用、光合作用、生长素的氧化及植物的抗逆性等都有密切关系，本实验采用愈创木酚法测定过氧化物酶活性。过氧化物酶可以使愈创木酚氧化，产生茶褐色物质，在 470 nm 处有最大吸收峰，可根据单位时间内 $OD_{470\ nm}$的变化值，计算过氧化物酶活性。

三、实验用品

（一）实验材料

小麦幼苗叶片。

（二）器皿

(1) 722 型分光光度计。
(2) 高速冷冻离心机。
(3) 秒表。
(4) 研钵 1 套。
(5) 电子天平。
(6) 离心管：10 mL×1。
(7) 刻度试管：10 mL×1 或量筒：10 mL×1。
(8) 移液管：5 mL×2，2 mL×3，1 mL×4，0.1 mL×2，移液器：100 μL×1。
(9) 试管：15 mL×14，试管架。

（三）试剂

(1) 0.1 mol/L 的 Tris-HCl 缓冲液（pH 8.0）：取 12.114 g 三羟甲基氨基甲

烷（Tris），加 950 mL 水稀释，用 HCl 调 pH 8.0 后定容至 1 000 mL。

(2) 0.2 mol/L 的磷酸缓冲液（pH 7.0）：

储备液 A：0.2 mol/L 的 NaH_2PO_4 溶液（1.5601 g NaH_2PO_4 溶于 50 mL 水）。

储备液 B：0.2 mol/L 的 Na_2HPO_4 溶液（7.1628 g Na_2HPO_4 溶于 100 mL 水）。

分别取储备液 A 39.0 mL 与储备液 B 61.0 mL 充分混匀。

(3) 0.08%的过氧化氢：0.08 mL 30%的 H_2O_2 加水至 30 mL。

(4) 0.1%的愈创木酚：0.05 mL 愈创木酚加水至 50 mL。

(5) 1000 μg/ mL 的牛血清白蛋白溶液：称取 100 mg 牛血清白蛋白，溶于 100 mL 蒸馏水中，配制成标准蛋白溶液。

(6) 考马斯亮蓝 G-250：称取 100 mg 考马斯亮蓝 G-250，溶于 50 mL 95%的乙醇中，加入 85%（*m/V*）磷酸 100 mL，最后用蒸馏水定溶至 1000 mL，此溶液在室温下可放置 1 个月。

四、操作步骤

（一）酶液提取

取 0.2 g 小麦叶片剪碎置于研钵中，加入 0.1 mol/L 的 Tris-HCl 缓冲液（pH 8.0）4 mL，冰浴研磨至匀浆，转入离心管，4 ℃，9000 *g* 离心 15 min，上清液即为粗酶液，保存在冰箱备用。

（二）酶活性测定

取光径 1 cm 的比色杯 2 只，向其中之一加入蒸馏水 50 μL、愈创木酚（0.1%）1 mL、磷酸缓冲液（pH 7.0）2 mL、0.08%过氧化氢 1 mL，作为对照。另一个比色杯中加入粗酶液 50 μL、愈创木酚（0.1%）1 mL、磷酸缓冲液（pH 7.0）2 mL、0.08%过氧化氢 1 mL 后迅速混匀，放于分光光度计中，立即开启秒表记录时间，于波长 470 nm 下测量吸光度值，每隔 1 min 读数一次，共测 3 min。

（三）蛋白质含量测定（考马斯亮蓝 G-250 法）

(1) 取 6 支 15 mL 试管，按下表加入各溶液，作蛋白质标准曲线。

试管编号	0	1	2	3	4	5
1000 μg/mL 牛血清白蛋白/mL	0	0.2	0.4	0.6	0.8	1.0
蒸馏水/mL	1.0	0.8	0.6	0.4	0.2	0
蛋白质浓度/(μg /mL)	0	200	400	600	800	1000

准确吸取所配各试管溶液 0.1 mL，分别放入另外 6 支试管中，再分别加入 5 mL 考马斯亮蓝 G-250，摇匀后放置 2 min，在 595 nm 波长下，用 722 型分光光度计比色，绘制标准曲线。

(2) 另取 2 支 15 mL 试管，分别加入 0.1 mL 酶液，5 mL 考马斯亮蓝 G-250，摇匀后放置 2 min，在 595 nm 波长下，用 722 型分光光度计比色，测定酶液中的蛋白质含量。

五、结果与分析

以每分钟光密度变化（以每分钟 $OD_{470\ nm}$变化 0.01 为 1 个活力单位）表示酶活性大小，即

$$过氧化物酶总活力=\Delta OD_{470\ nm}/0.01\times 4/0.05$$

$$过氧化物酶比活力=过氧化物酶总活力/总蛋白量(mg)$$

六、附注

酶的提取纯化需在低温下进行。

七、思考题

(1) 试述酶活力的定义。

(2) 测定酶活力要注意控制哪些条件？

实验六　维生素C含量的测定

一、目的

维生素C又称抗坏血酸，是人类营养中最重要的维生素之一，缺乏时会产生坏血病。水果和蔬菜是供给人类维生素C的主要来源。不同的栽培条件与成熟度等可以影响水果和蔬菜中维生素C的含量，维生素C含量可以作为衡量果蔬品质的指标之一。

二、原理

维生素C具有很强的还原性，染料2，6-二氯酚靛酚具有较强的氧化性，且在酸性溶液中呈红色，在中性或碱性溶液中呈蓝色。因此当用蓝色的碱性2，6-二氯酚靛酚溶液滴定含有维生素C的草酸溶液时，其中的维生素C可以将2，6-二氯酚靛酚还原成无色的还原型，但当溶液中的维生素C完全被氧化之后，再滴2，6-二氯酚靛酚，就会使溶液呈红色，借此可以指示滴定终点。根据滴定用去的标准2，6-二氯酚靛酚溶液的量，可以计算出被测样品中维生素C的含量。

三、实验用品

（一）实验材料

新鲜水果或蔬菜。

（二）器皿

(1) 电子天平。
(2) 微量滴定管×1。
(3) 50 mL容量瓶×1。
(4) 50 mL三角瓶×4。
(5) 研钵1套。
(6) 10 mL量筒×1。
(7) 漏斗×1。

（三）试剂

(1) 2%的草酸：称取 10 g 草酸溶于少量蒸馏水中，定容至 500 mL。

(2) 0.01 mol/L 的 2,6-二氯酚靛酚钠溶液：称取干燥的 2,6-二氯酚靛酚钠 60 mg，放入 200 mL 容量瓶中，加热的蒸馏水 100～150 mL，滴加 0.01 mol/L 的 NaOH 4～5 滴，强烈摇动 10 min，冷却后加水至刻度，摇匀后用滤纸过滤于棕色瓶中，储存于冰箱备用，有效期为一周。

(3) 标准抗坏血酸溶液：称取抗坏血酸 20 mg，用 2%草酸溶解定容至 200 mL，摇匀，吸取此液 10 mL，再以 2%草酸稀释定容至 200 mL，即为标准抗坏血酸溶液，摇匀备用。

四、操作步骤

1. 样品的处理和提取

称取 4 g 新鲜土豆，去皮后剪碎，置研钵中，加 4 mL 2%草酸，研磨成匀浆。用玻璃棒引流将样品提取液转移到 50 mL 容量瓶中，残渣再用 2%草酸洗 2～3 次，提取液及残渣一并转入容量瓶，最后用 2%草酸定容至刻度，摇匀、过滤，滤液备用。

2. 空白的测定

吸取 10 mL 2%草酸，放入 50 mL 三角瓶中，用 2,6-二氯酚靛酚钠溶液滴定至出现明显的粉红色，并在 15 s 内不褪色为终点。记录所用滴定液体积（重复 3 次，取平均值）。

3. 2，6-二氯酚靛酚钠溶液的标定

吸取标准抗坏血酸溶液 10 mL，放入 50 mL 三角瓶中，立即用所要标定的 2,6-二氯酚靛酚钠溶液滴定至出现粉红色，并在 15 s 内不褪色为止，记录所用体积（mL）（重复 3 次，取平均值）按下式计算 K 值［即 1 mL 2,6-氯酚靛酚钠所能氧化抗坏血酸的质量（mg）］。

$$K = \frac{G}{200} \times \frac{10}{200} \times \frac{10}{V}$$

式中，K 为 1 mL 2,6-氯酚靛酚钠所能氧化抗坏血酸的质量（mg）；G 为称取抗坏血酸的质量（mg）；V 为滴定 10 mL 标准抗坏血酸溶液时所用去 2,6-二氯酚靛酚钠的体积（mL）与滴定空白所用的体积（mL）的差值。

4. 样品的测定

吸取滤液 10 mL，放入 50 mL 三角瓶中，立即用 2,6-二氯酚靛酚钠溶液滴定至出现粉红色，并在 15 s 内不褪色为止，记录所用 2,6-二氯酚靛酚蓝的体积（重复 3 次，取平均值）。

五、结果与分析

$$X=\frac{(V_{样}-V_{空})\times K\times V}{W\times V_{滤}}\times 100$$

式中，X 为 100 g 样品重所含维生素 C 的质量（mg/100 g）；W 为称取样品重（g）；$V_{样}$ 为滴定样品所用 2,6-二氯酚靛酚蓝体积（mL）；$V_{空}$ 为滴定空白所用 2,6-二氯酚靛酚蓝体积（mL）；$V_{滤}$ 为样品测定时所用滤液体积（mL）（即 10 mL）；V 为样品提取液稀释之总体积（即 50 mL）；K 为 1 mL 2,6-二氯酚靛酚蓝所能氧化维生素 C 的质量（mg）。

六、附注

（1）操作要尽可能快，并防止与铁铜器具接触，以减少维生素 C 的氧化；

（2）草酸及样品的提取液应避免日光直射；

（3）当样品液本身带色时，测定前于提取液中加 2～3 mL 二氯乙烷。在滴定过程中当二氯乙烷由无色变为粉红色时，即达终点。

七、思考题

维生素 C 有哪些生物学功能？

第四章　糖

糖类是自然界中分布最广、含量最多的一类有机化合物。生物体维持生命活动的主要能量来源于糖，在植物和许多微生物中，糖类物质也是细胞壁的重要组成成分。在植物组织中，糖含量可以高达干重的80%左右，在动物组织及人体组织中含量较少，约为干重的2%。从分子结构上看，糖类化合物是多羟基醛、多羟基酮或多羟基醛和多羟基酮的缩合物。

目前，有关多糖结构与功能的关系、体内代谢过程与作用机制等，已经成为现代生物学发展的一个重要研究方向。其中，作为糖研究工作的一个重要方面，糖的定量测定在应用中非常广泛，可以根据糖溶液的折射率、密度、旋光活性等物理性质和化学性质进行测定。后又出现了超氧电极、酶电极等快速微量的定糖方法。本章重点介绍实验室中对糖进行分离、提取、测定的一般方法。

实验一　糖酵解中间产物的鉴定

一、目的

了解利用专一性的酶抑制剂研究代谢中间步骤的原理和方法，增加对糖酵解过程的感性认识。

二、原理

kk

K 在一系列酶催化下，正常的代谢作用持续向前进行，中间产物的浓度往往很低，不易分析鉴定；若加入某种专一性的酶抑制剂，使中间产物累积，则便于分析鉴定。3-磷酸甘油醛是糖酵解的中间产物，利用碘乙酸对 3-磷酸甘油醛脱氢酶的抑制，可使 3-磷酸甘油醛不再向前变化而积累，同时用硫酸肼作稳定剂，使积累的 3-磷酸甘油醛不自发分解。然后用羰基试剂 2，4-二硝基苯肼与 3-磷酸甘油醛在偏碱性条件下反应，反应过程是先加成后脱水，生成 3-磷酸甘油醛-2，4-二硝基苯腙，再加过量氢氧化钠则形成棕色复合物，其棕色深度与 3-磷酸甘油醛含量成正比。现将可能的反应过程简单表示如下：

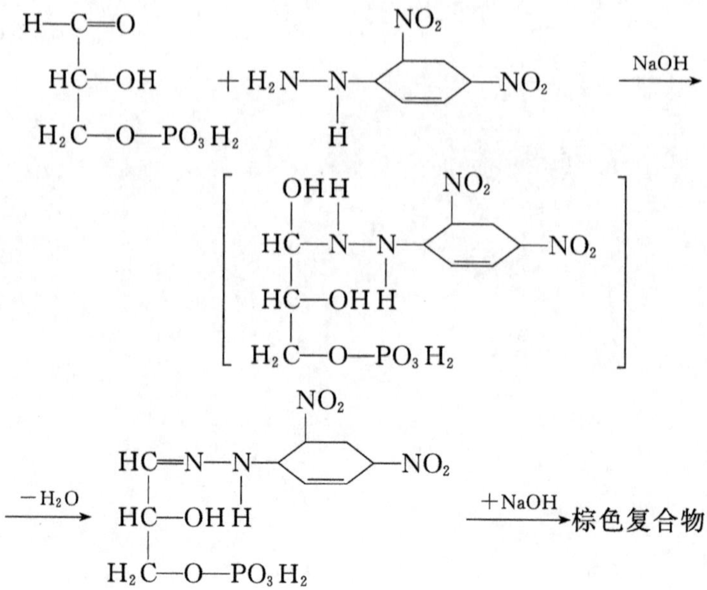

三、实验用品

（一）实验材料

干酵母粉。

（二）器皿

（1）10 mL 离心管×3。
（2）试管×6。
（3）试管架，移液管架。
（4）玻璃棒×3。
（5）移液管：1 mL×1，5mL×2，0.5 mL×4。
（6）洗耳球。
（7）电子天平。
（8）恒温水浴锅。
（9）离心机。

（三）试剂

（1）5%葡萄糖溶液。
（2）10%三氯乙酸溶液。
（3）0.002 mol/L 碘乙酸溶液。
（4）0.56 mol/L 硫酸肼溶液：称取 7.28 g 硫酸肼，溶于 100 mL 蒸馏水中，这时不易全部溶解，加入 NaOH 使 pH 达 7.4 时则完全溶解。
（5）0.75 mol/L NaOH 溶液。
（6）2，4-二硝基苯肼溶液：称取 0.1 g 2,4-二硝基苯肼，溶于 100 mL 2 mol/L HCl 溶液中，储于棕色瓶中备用。

四、操作步骤

1. 加实验材料和试剂

取 3 支 10 mL 离心管，编号，分别加入干酵母粉 0.2 g，再按下表加入试剂。

离心管号	5%葡萄糖/mL	10%三氯乙酸/mL	0.002 mol/L 碘乙酸/mL	0.56 mol/L 硫酸肼/mL	保温后观察气泡多少
Ⅰ	5	1	0.5	0.5	
Ⅱ	5	0	0.5	0.5	
Ⅲ	5	0	0	0	

加完试剂后，每支离心管中插入一支玻璃棒，充分搅拌，混匀，玻璃棒留在离心管中。

2. 保温和观察气泡

将上述三支离心管（连同玻璃棒）置于 37 ℃水浴锅内的试管架上，保温 45 min。观察各离心管生成气泡的量有无不同。

3. 补加试剂

在离心管Ⅱ和离心管Ⅲ中，按下表补加试剂。

离心管号	10%三氯乙酸/mL	0.002 mol/L 碘乙酸/mL	0.56 mol/L 硫酸肼/mL
Ⅱ	1	0	0
Ⅲ	1	0.5	0.5

加完试剂后，用离心管中玻璃棒搅匀，取出玻璃棒，静置 10 min。

4. 离心

将上述三支离心管中的内容物分别离心，4000 r/min 离心 5 min，将上清液转入相应编号的另外三支试管中，上清液留用。

5. 显色和观察结果

另取三支试管，编号，分别加入上述相应的上清液 0.5 mL，并按下表加入试剂。

<table>
<tr><th>试管号</th><th>上清液（或滤液）/mL</th><th>0.75 mol/L 氢氧化钠/mL</th><th rowspan="4">室温放置 2 min</th><th>2，4-二硝基苯肼/mL</th><th rowspan="4">室温放置 5 min</th><th>0.75 mol/L 氢氧化钠/mL</th><th>颜色深浅</th></tr>
<tr><td>(1)</td><td>0.5</td><td>0.5</td><td>0.5</td><td>3.5</td><td></td></tr>
<tr><td>(2)</td><td>0.5</td><td>0.5</td><td>0.5</td><td>3.5</td><td></td></tr>
<tr><td>(3)</td><td>0.5</td><td>0.5</td><td>0.5</td><td>3.5</td><td></td></tr>
</table>

五、结果与分析

（1）在操作步骤 2 中，保温后各离心管气泡多少有无不同，为什么?

（2）在操作步骤 5 中，观察各试管颜色深浅有无差异，哪支试管最深？哪支试管最浅？为什么?

六、附注

（1）实验材料可采用市售鲜酵母块（家用）。

（2）本实验虽为定性鉴定，但在称重和量取体积时仍要求相对准确。

（3）应随实验材料来源不同，摸索适宜的保温时间。

（4）试液与 2，4-二硝基苯肼的反应也可在 38 ℃水浴中进行 10 min，但颜色较深，各管之间差别较小。

七、思考题

（1）酶的抑制剂有哪些种类?

（2）糖酵解代谢途径如何调控 ?

实验二　还原糖和总糖含量的测定
（3，5-二硝基水杨酸比色法）

一、目的

掌握还原糖和总糖定量测定的基本原理，学习比色定糖法的基本操作。

二、原理

还原糖和总糖含量的测定是糖定量测定的基本方法。还原糖是指含有自由醛基或酮基的糖类，单糖都是还原糖，双糖和多糖不一定是还原糖，其中乳糖和麦芽糖是还原糖，蔗糖和淀粉是非还原糖。利用糖的溶解度不同，可将植物样品中的单糖、双糖和多糖分别提取出来，对没有还原性的双糖和多糖，可用酸水解法使其降解成有还原性的单糖进行测定，再分别求出样品中还原糖和总糖的含量（还原糖以葡萄糖含量计）。

还原糖在碱性条件下加热被氧化成糖酸及其他产物，3，5-二硝基水杨酸则被还原为棕红色的3-氨基-5-硝基水杨酸。在一定范围内，还原糖的量与棕红色物质颜色的深浅成正比关系，利用分光光度计，在540 nm波长下测定光吸收值，查对标准曲线并计算，便可求出样品中还原糖和总糖的含量。由于多糖水解为单糖时，每断裂一个糖苷键需加入一分子水，所以在计算多糖含量时应乘以0.9。

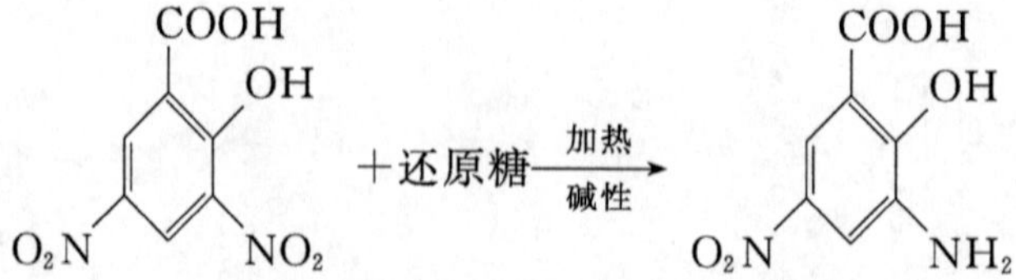

3，5-二硝基水杨酸　　　3-氨基-5-硝基水杨酸

三、实验用品

（一）实验材料

面粉。

（二）器皿

（1）25 mL 刻度试管×11。

（2）大塑料离心管×1。

（3）100 mL 烧杯×1。

（4）100 mL 容量瓶×1。

（5）移液管：1mL×2，2mL×2。

（6）恒温水浴锅。

（7）沸水浴。

（8）离心机。

（9）电子天平。

（10）分光光度计。

（三）试剂

（1）1 mg/mL 葡萄糖标准液：准确称取 100 mg 分析纯葡萄糖（预先在 80℃烘至恒重），置于小烧杯中，用少量蒸馏水溶解后，定量转移到 100 mL 的容量瓶中，以蒸馏水定容至刻度，摇匀，冰箱中保存备用。

（2）3，5-二硝基水杨酸试剂：将 6.3 g 3，5-二硝基水杨酸和 262 mL 2 mol/L NaOH 溶液加到 500 mL 含有 185 g 酒石酸钾钠的热水溶液中，再加 5 g 结晶苯酚和 5 g 亚硫酸钠，搅拌至溶解。冷却后加蒸馏水定容至 1000 mL，储于棕色瓶中备用。

四、操作步骤

（一）制作葡萄糖标准曲线

取 7 支量程为 25 mL 的刻度试管，编号，按表 4.1 所示的量，精确加入浓度为 1 mg/mL 的葡萄糖标准液和 3，5-二硝基水杨酸试剂。

表 4.1　葡萄糖标准曲线制作

项目	试管号						
	0	1	2	3	4	5	6
葡萄糖标准液/mL	0	0.2	0.4	0.6	0.8	1.0	1.2
蒸馏水/mL	2.0	1.8	1.6	1.4	1.2	1.0	0.8
3，5-二硝基水杨酸试剂/mL	1.5	1.5	1.5	1.5	1.5	1.5	1.5

将各试管摇匀，在沸水中加热 5 min，取出后立即放入盛有冷水的烧杯中冷却至室温，再以蒸馏水定容到 25 mL 刻度处，用橡皮塞塞住试管口，颠倒混匀。在 540 nm 波长下，用 0 号试管调零，分别读取 1～6 试管的吸光值。以吸光值为纵坐标，葡萄糖质量（mg）为横坐标，绘制标准曲线。

（二）样品中还原糖含量的测定

1. 样品中还原糖的提取

准确称取 3 g 食用面粉，放在 100 mL 的烧杯中，先以少量蒸馏水搅匀，置于 50 ℃恒温水浴中保温 20 min，使还原糖浸出。然后转入大塑料离心管中，4000 r/min 离心 5 min，上清液全部收集到 100 mL 的容量瓶中，用蒸馏水定容至刻度，混匀，作为还原糖待测液。

2. 总糖的水解和提取

准确称取 1 g 食用面粉，放入 100 mL 三角瓶中，加 15 mL 蒸馏水及10 mL 6 mol/L HCl，置沸水浴中加热水解 30 min（水解是否完全可用碘-碘化钾溶液检查）。待三角瓶中的水解液冷却后，加入 1 滴酚酞指示剂，用 6 mol/L NaOH 中和至微红色，用蒸馏水定容在 100 mL 容量瓶中，混匀。将定容后的水解液过滤，取滤液 10 mL，移入另一 100 mL 容量瓶中定容，混匀，作为总糖待测液。

3. 显色和比色

取 4 支 25 mL 刻度试管，编号，按表 4.2 所示分别加入待测液和显色剂，空白调零可使用制作标准曲线的 0 号试管。加热、定容和比色等其余操作与制作标准曲线相同。

表 4.2 还原糖含量测定

项目	还原糖测定试管号		总糖测定试管号	
	1	2	3	4
还原糖待测液/mL	0.5	0.5	1	1
蒸馏水/mL	1.5	1.5	1	1
3,5-二硝基水杨酸试剂/mL	1.5	1.5	1.5	1.5

五、结果与计算

分别在标准曲线上查出相应的还原糖质量（mg）。按下式计算出样品中还原糖和总糖的百分含量。

$$还原糖含量=\frac{查曲线所得葡萄糖（mg）\times\dfrac{提取液总体积}{测定时取用体积}}{样品（mg）}\times 100\%$$

$$总糖含量=\frac{查曲线所得水解后还原糖（mg）\times 稀释倍数}{样品（mg）}\times 0.9\times 100\%$$

六、附注

（1）离心比过滤易得上清液。

（2）标准曲线制作与样品含糖量测定应同时进行，一起显色和比色。

七、思考题

糖含量的定量测定有哪些方法？

实验三　蔗糖含量的测定

一、目的

了解蔗糖含量测定的基本原理，掌握蔗糖测定方法。

二、原理

样品经除去蛋白质后，蔗糖经盐酸水解转化为还原糖，其中还原糖在碱性环境下将铜盐还原为氧化亚铜，加硫酸铁后，氧化亚铜被氧化为铜盐，以高锰酸钾溶液滴定氧化作用后生成的亚铁盐，根据高锰酸钾消耗量计算氧化亚铜含量，再查表得还原糖量。水解前后还原糖量的差值为蔗糖含量。

三、实验用品

（一）实验材料

小麦面粉。

（二）器皿

（1）电子天平。
（2）滴定管。
（3）250 mL 容量瓶×2。
（4）100 mL 锥形瓶×2。
（5）500 mL 烧杯×1。
（6）25 mL 古式坩埚或 G4 垂融坩埚×1。
（7）真空泵。
（8）恒温水浴锅。

（三）试剂

除特殊说明外，实验用水为蒸馏水，试剂为分析纯。
（1）6 mol/L HCl：量取 50 mL HCl 原液，加水稀释至 100 mL。
（2）3 mol/L HCl：量取 30 mL HCl 原液，加水稀释至 120 mL。
（3）甲基红指示剂：称取 10 mg 甲基红，用 100 mL 乙醇溶解。

（4）5 mol/L NaOH 溶液：称取 20 g NaOH 加水溶解并稀释至 100 mL。

（5）1 mol/L NaOH 溶液：称取 4 g NaOH，加水溶解并稀释至 100 mL。

（6）碱性酒石酸铜甲液：称取 34.639 g 硫酸铜（$CuSO_4 \cdot 5H_2O$），加适量水溶解，加 0.5 mL 硫酸，再加水稀释至 500 mL，用精制石棉过滤。

（7）碱性酒石酸铜乙液：称取 173 g 酒石酸钾钠与 50 g 氢氧化钠，加适量水溶解，并稀释至 500 mL，用精制石棉过滤，滤液储存于橡胶塞玻璃瓶中。

（8）精制石棉：取石棉先用 3 mol/L HCl 浸泡 2～3 d，用水洗净，再加 2.5 mol/L NaOH 溶液浸泡 2～3 d，倾去溶液，再用热碱性酒石酸铜乙液浸泡 3 h，用水洗净。再以 3 mol/L HCl 浸泡 3 h，至以水洗不呈酸性。然后加水振摇，使成微细的浆状软纤维，用水浸泡并储存于玻璃瓶中，即可用做填充古式坩埚用。

（9）0.1 mol/L $KMnO_4$ 标准溶液。

（10）硫酸铁溶液：称取 50 g 硫酸铁，加入 200 mL 水溶解后，慢慢加入 100 mL 硫酸，冷却后加水稀释至 1 L。

四、操作步骤

1. 样品处理

称取小麦面粉 2～10 g，置于 250 mL 容量瓶中，加 200 mL 水，在45 ℃水浴中加热 1 h，并时时振摇（注意：此步骤是使还原糖溶于水中，切忌温度过高，因为淀粉在高温条件下可糊化、水解，影响检测结果）。冷却后加水至刻度，混匀，静置。吸取 200 mL 上清液于另一 250 mL 容量瓶中，加入10 mL碱性酒石酸铜甲液及 4 mL 1 mol/L NaOH 溶液，加水至刻度，混匀。静置 30 min 后过滤，滤液备用。

2. 样品水解

吸取 2 份 50 mL 样品滤液，置于 100 mL 锥形瓶中，一份加入 5 mL 6 mol/L HCl，在 68～70 ℃中水解 15 min（注意温度和时间，如果温度过高或时间过长，一些大分子糖也可被水解）。冷却后加 2 滴甲基红指示剂（注意：如果样品液颜色较深，可以用广泛 pH 试纸或指示剂，如溴麝香草酚蓝），用 5 mol/L NaOH 溶液中和至中性，转至容量瓶中，加水定容至 100 mL，混匀。另一份直接加水稀释至 100 mL。

3. 样品测定

吸取步骤 2 中样品水解前后的溶液各 50 mL（分别至少重复一次），于 400

mL 烧杯中，加入25 mL 碱性酒石酸铜甲液及 25 mL 碱性酒石酸铜乙液，于烧杯上盖一表面皿，加热，控制在 4 min 内沸腾，再准确煮沸2 min，趁热用铺好石棉的古氏坩埚或 G4 垂融坩埚抽滤，并用 60 ℃热水洗涤烧杯及沉淀，至洗液不呈碱性为止。将古氏坩埚或 G4 垂融坩埚放回原 400 mL 烧杯中，加 25 mL 硫酸铁溶液及 25 mL 水，用玻璃棒搅拌使氧化亚铜完全溶解，以 0.1 mol/L $KMnO_4$标准液滴定至微红色为终点。

同时吸取 50 mL 水，加与测样品时相同量的碱性酒石酸铜甲、乙液，硫酸铁溶液及水，按同一方法做空白实验。

五、结果与分析

$$X_1 = (V - V_0) \times N \times 71.54 \qquad (4.1)$$

式中，X_1 为样品中还原糖质量相当于氧化亚铜的质量（mg）（见附录二）；V 为测定用样品液消耗 $KMnO_4$ 标准液的体积（mL）；V_0 为试剂空白消耗 $KMnO_4$ 标准液的体积（mL）；N 为 $KMnO_4$ 标准溶液的浓度；71.54 为 1 mL 1 mol/L $KMnO_4$ 溶液相当于氧化亚铜的质量（mg）。

根据式（1）中计算所得氧化亚铜质量，查附录二“氧化亚铜质量相当于葡萄糖、果糖、乳糖、转化糖的质量表”，再计算样品中还原糖含量。

$$X_2 = (m_1 \times V_2) / (m_2 \times V_1) \times (100 / 1000) \qquad (4.2)$$

式中，X_2 为样品中还原糖的含量［g/100 g（g/100 mL）］；m_1 为查表得还原糖质量（mg）；m_2 为样品质量（或体积）［g（mL）］；V_1 为测定用样品处理液的体积（mL）；V_2 为样品处理后的总体积（mL）。

$$X = (R_2 - R_1) \times 0.95 \qquad (4.3)$$

式中，X 为样品中蔗糖含量（%）；R_2 为水解处理后还原糖的含量（%）；R_1 为不经水解处理还原糖含量（%）；0.95 为还原糖（以葡萄糖计）换算为蔗糖的系数。因为蔗糖水解时吸收了 1 分子 H_2O：

$$C_{12}H_{22}O_{11} + H_2O \longrightarrow 2C_6H_{12}O_6$$

相对分子质量：342　　　　2×180

342：360＝0.95：1

六、思考题

蔗糖含量测定还可以采用哪些方法？

实验四　植物组织中可溶性糖、淀粉、氨基酸及蛋白质的系列测定

一、目的

从一份植物样品中系统分离和测定可溶性糖、淀粉、氨基酸及蛋白质等多种成分，不仅对研究植物体内碳、氮代谢，了解植物的生长发育状况有重要意义，也可以作为鉴定其品质的重要指标，另外也有助于训练基本操作技能。

二、原理

（一）分离提取原理

在80%～85%的乙醇中，植物组织中的还原糖、蔗糖以及游离氨基酸和叶绿素等溶解，而淀粉及蛋白质沉淀，再用9.2 mol/L 高氯酸溶解淀粉（蛋白质沉淀），最后用0.1 mol/L 氢氧化钠溶解蛋白质。选用适当的方法测定各个提取液中相应物质的含量。

（二）测定原理

1. 蒽酮比色法——可溶性糖含量测定

碳水化合物及其衍生物经浓硫酸处理，生成糠醛，再与蒽酮脱水缩合而生成蓝绿色化合物，在一定范围内其颜色深浅与碳水化合物含量呈线性关系。蒽酮反应的颜色深浅，随温度条件和加热时间而变化，葡萄糖显色高峰在100 ℃时，加热10 min后出现，而核糖在相同温度下，加热3 min后出现。此法灵敏度高，糖含量达30 μg即可测定。

2. 茚三酮比色法——氨基酸含量测定

氨基酸的游离氨基与水合茚三酮作用后，产生二酮茚胺的取代盐等蓝紫色化合物，在570 nm下有最大光吸收。在一定范围内，其颜色深浅与氨基酸的含量呈正比。

3. 考马斯亮蓝G-250结合法——蛋白质含量测定

考马斯亮蓝G-250在游离状态时呈红色，当与蛋白质结合后变为青色，后

者最大光吸收在595 nm，在一定范围内（0～1000 μg /mL），其颜色深浅与蛋白质的含量呈正比。此法快速灵敏，反应在2 min内即达到平衡，室温1 h内颜色稳定，而且干扰物也少。

三、实验用品

（一）实验材料

植物样品。

（二）器皿

（1）25 mL刻度试管×8，15 mL试管×20。

（2）10 mL离心管×2。

（3）容量瓶：50 mL×1，25 mL×1。

（4）移液管：5 mL×2，2 mL×4，1 mL×2，0.1 mL×2。

（5）洗耳球。

（6）恒温水浴锅。

（7）离心机。

（8）电子天平。

（9）分光光度计。

（三）试剂

1. 样品分离提取

（1）80%乙醇。

（2）9.2 mol/L高氯酸，4.6 mol/L高氯酸。

（3）0.1 mol/L氢氧化钠。

2. 可溶性糖及淀粉测定

（1）葡萄糖标准液（100 μg/mL）：0.1 g无水葡萄糖溶于蒸馏水中，定容至1000 mL。

（2）硫酸-蒽酮试剂：0.2 g蒽酮，1 g硫脲（阻氧化剂），缓缓加入100 mL浓硫酸，边加边搅拌，溶解后呈黄色透明溶液，储于棕色瓶中，4℃冰箱中保存。

3. 氨基酸测定

（1）60%乙醇。

(2) 水合茚三酮：1.2 g 茚三酮，加入 30 mL 正丙醇，搅拌使其溶解，再加入 60 mL 正丁醇和 120 mL 乙二醇，最后加入 18 mL pH 5.4 的乙酸-乙酸钠缓冲液混匀，储于棕色瓶，4 ℃冰箱中保存。

(3) 乙酸-乙酸钠缓冲液（pH 5.4）：乙酸钠 54.4 g，加入 100 mL 蒸馏水，在电炉上加热至沸，使体积蒸发至原体积的一半，冷却后加 30 mL 冰醋酸，用蒸馏水稀释至 100 mL。

(4) 标准氨基酸（200 μg/mL）：取 80 ℃下烘干的亮氨酸 20 mg，溶解在 10%的异丙醇中，并用 10%异丙醇稀释至 10 mL，取 5 mL，用蒸馏水稀释至50 mL。

(5) 0.1%抗坏血酸：50 mg 抗坏血酸溶于 50 mL 蒸馏水中。现用现配。

4. 蛋白质含量测定

(1) 牛血清白蛋白标准液（1000 μg/mL）：100 mg 牛血清白蛋白溶于 100 mg 蒸馏水中，储于 4 ℃冰箱中。

(2) 考马斯亮蓝 G-250 溶液：100 mg 考马斯亮蓝 G-250 溶解于 50 mL 95%乙醇中，加入 85%（*m*/*V*）磷酸 100 mL，用蒸馏水定容至 1000 mL。

四、操作步骤

（一）分离提取

具体分离提取操作步骤见图 4.1（每次离心转速 3000～3500 r/min）。

（二）测定

1. 可溶性糖及淀粉的测定

(1) 按表 4.3 制作标准曲线。

表 4.3　葡萄糖标准曲线制作

	试管号						
	1	2	3	4	5	6	7
蒸馏水/mL	2.0	1.8	1.6	1.4	1.2	1.0	0.8
葡萄糖标准液（100 μg/mL）	0	0.2	0.4	0.6	0.8	1.0	1.2
硫酸-蒽酮/mL	5.0	5.0	5.0	5.0	5.0	5.0	5.0

加入硫酸-蒽酮试剂时，最好将各管放在冷水中，沿管壁缓缓加入，全部加

完后再混匀。将以上各管在 100 ℃水浴中加热 10 min，取出后用自来水冷却，620 nm 比色测定。

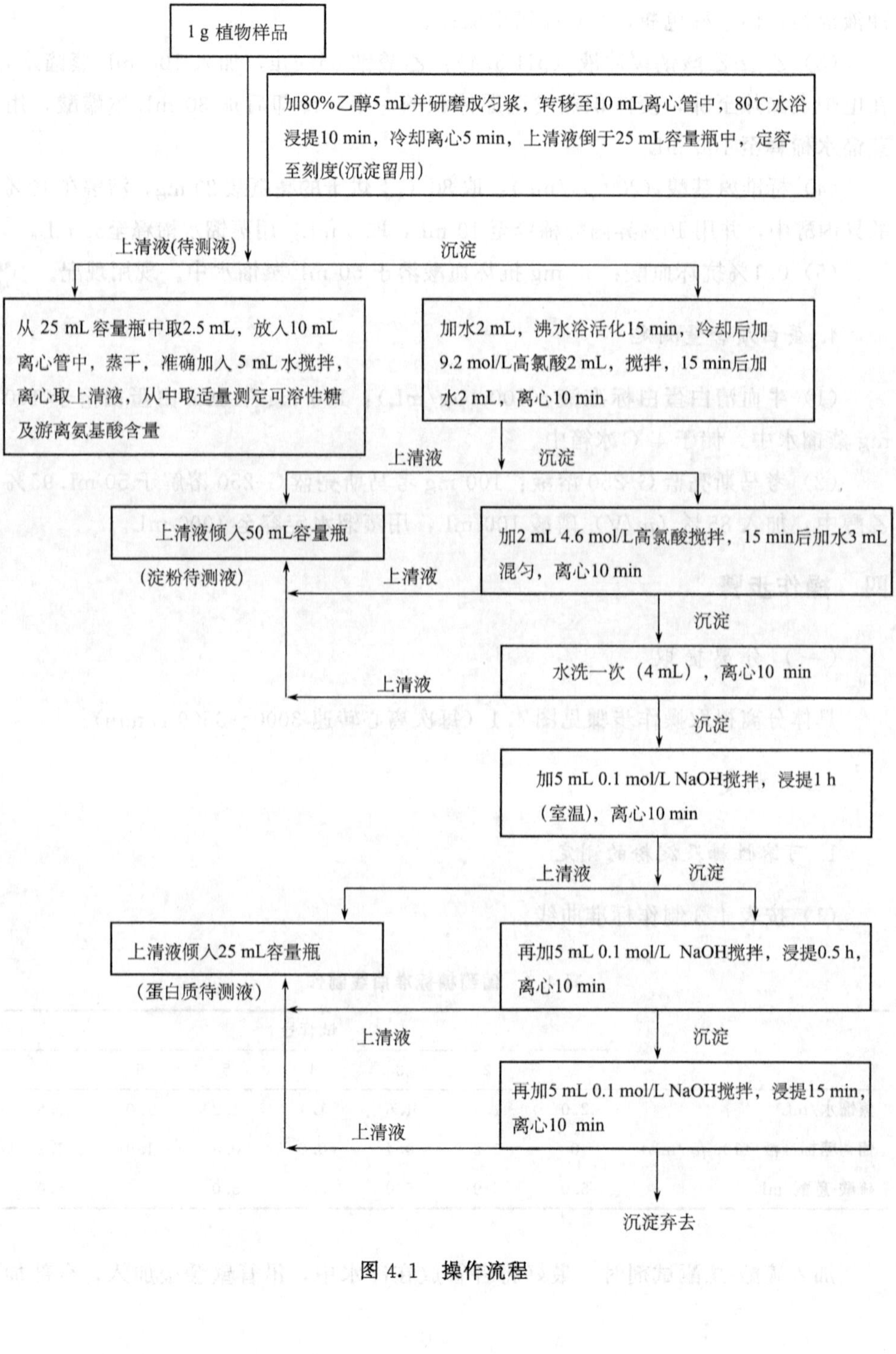

图 4.1　操作流程

(2) 样品测定。

取可溶性糖提取液 1 mL+1 mL 蒸馏水（根据含量而定），显色与标准曲线相同。

(3) 计算。

$$可溶性糖含量=\frac{查标准曲线数（\mu g）\times\frac{样品液总体积（mL）}{显色用样液体积}\times稀释倍数}{样品重（mg）\times1000}\times100\%$$

2. 淀粉测定

吸取上述淀粉提取液 2 mL（或 1 mL+1 mL 水）于大试管中，用测定可溶性糖的方法测定。

$$淀粉含量=\frac{查标准曲线数（\mu g）\times0.9\times\frac{样品液总体积（mL）}{显色用样液体积}\times稀释倍数}{样品重（mg）\times1000}\times100\%$$

3. 游离氨基酸含量测定

(1) 按表 4.4 制作标准曲线。

表 4.4 氨基酸标准曲线制作

试剂/mL	试管号					
	1	2	3	4	5	6
标准亮氨酸	0	0.2	0.4	0.6	0.8	1.0
蒸馏水	2.0	1.8	1.6	1.4	1.2	1.0
水合茚三酮	3.0	3.0	3.0	3.0	3.0	3.0
抗坏血酸	0.1	0.1	0.1	0.1	0.1	0.1

加完试剂后混匀，置沸水浴加热 15 min，然后取出放在冷水中迅速冷却并摇动，使加热时形成的红色逐渐被氧化而褪色，直至溶液呈紫色时，用 60%的乙醇定容至 10 mL，混匀，570 nm 比色测定。

(2) 样品测定。

吸取上述样品提取液 2 mL（或 1 mL+1 mL 水），显色与标准曲线相同。

(3) 计算氨基酸含量（mg/100 g 干样品）。

$$氨基酸含量=\frac{查标准曲线数（\mu g）\times\frac{样品液总体积（mL）}{显色用样液体积}\times稀释倍数}{样品重（mg）\times1000}\times100\%$$

4. 蛋白质含量测定

(1) 按表 4.5 制作标准曲线。

表 4.5 蛋白质标准曲线制作

	试管号					
	1	2	3	4	5	6
蒸馏水/mL	1.0	0.8	0.6	0.4	0.2	0
1000 μg/mL 牛血清白蛋白	0	0.2	0.4	0.6	0.8	1.0

混匀后，分别准确吸取各试管 0.1 mL 至另外 6 个试管中，加 5 mL 考马斯亮蓝 G-250 试剂，混匀，放置 2 min 后 595 nm 比色测定。

(2) 样品测定。

准确吸取蛋白质提取液 0.1 mL，显色与标准曲线相同。

(3) 计算。

$$蛋白质含量=\frac{查标准曲线数\ (\mu g)\ \times\frac{样品液总体积\ (mL)}{显色用样液体积}}{样品重\ (mg)\ \times 1000}\times 100\%$$

五、思考题

从植物样品中进行可溶性糖、氨基酸及蛋白质的系列提取和测定应注意哪些问题?

第五章 脂

脂类化合物是人类、动物和植物组织的基本组成成分和氧化供能物质之一，与糖类、蛋白质和核酸并列为四大类重要基本物质。脂类化合物一般都溶于脂肪溶剂，如乙醚、石油醚、氯仿和苯等，但不溶或微溶于水。脂质主要包括油脂（甘油三酯）和类脂（磷脂、蜡、萜类、甾类）。脂类化合物是生物细胞能量的储存物质，是生物细胞的结构物质，许多脂质物质行使着各种重要特殊的生理功能，脂质也是生物膜的重要组成部分，其结构和组分直接关系到膜的通透性。

脂类参与的胞内代谢信号转导途径和细胞凋亡过程已成为生物学研究的前沿和热点。该领域常涉及细胞生物学和分子生物学的一些最新研究技术。而本章旨在介绍脂类的一些基本实验技术和方法，如粗脂肪的测定与植物抗逆有关的细胞膜脂过氧化物（如丙二醛）的测定及卵黄中卵磷脂的提取和鉴定等。

实验一 粗脂肪的定量测定——索氏提取法

一、目的

学习和掌握粗脂肪提取的原理和测定方法。熟悉和掌握重量分析的基本操作，包括样品的处理、定量转移、烘干、恒量等。

二、原理

索氏（Soxhlet）提取法为质量法，用脂肪溶剂将脂肪提取后进行称量。该法适用于固体和液体样品。通常将样品浸于脂肪溶剂，如乙醚或沸点为 30～60 ℃的石油醚，借助于索氏提取器进行循环抽提。用本法提取的脂溶性物质为脂肪类物质的混合物，其中含有脂肪、游离脂肪酸、磷脂、酯、固醇、芳香油、某些色素及有机酸等，称为粗脂肪。

用该法测定样品含油量时，通常采用沸点低于 60 ℃的有机溶剂作为脂肪溶剂，此时，样品中结合状态的脂类（主要是脂蛋白）不能直接提取出来，所以该法又称为游离脂类定量测定的方法。

三、实验用品

（一）材料

芝麻、花生仁、油菜籽、大豆、大豆粉、向日葵种仁等。

（二）器皿

（1）索氏提取器 1 套。
（2）电子天平。
（3）干燥器、干燥箱。
（4）恒温水浴锅，铁架台。
（5）烧杯，镊子，药匙，万能夹，橡皮管，双顶丝。
（6）提取纸斗（或脱脂滤纸），脱脂棉。
（7）研钵 1 套。

（三）试剂

石油醚（30～60 ℃）。

四、操作步骤

1. 样品准备

称取样品的质量根据材料中脂肪的含量而定（表 5.1）。通常样品脂肪含量在 10%以下的称取样品 10～12 g；脂肪含量为 50%～60%的称取样品 2～4 g。

表 5.1　几种植物种子和种仁中油脂的含量（%）

样　品	含油量/%	样品	含油量/%
向日葵种子	23.5～45.0	大豆种子	10.0～25.0
向日葵种仁	40.0～67.8	油桐种仁	47.8～68.9
蓖麻种子	45.1～58.5	玉米谷粒	3.0～9.0
蓖麻种仁	50.7～72.0	小麦谷粒	1.6～2.6
芝麻种子	46.2～61.0	稻子谷粒	1.3～2.4
油菜种子	41.1～42.9	豌豆种子	0.7～1.9
花生种仁	40.2～60.7		

将样品在 80～100 ℃烘箱内烘去水分，一般烘 4 h，烘干时要避免过热。冷却后，准确地称取一定量的样品，放入脱脂滤纸做成的滤斗中，用脱脂棉塞严（或者用脱脂滤纸包裹样品）。将纸斗或纸包放入索氏提取器的提取管中，注意勿使滤斗内或纸包内样品高于提取管的虹吸部分。

样品颗粒不宜太大，一般要在研钵中研碎样品。使用后的研钵，要用脱脂棉擦干净，并将脱脂棉放入提取纸斗中一并提取。最后研钵再用少量溶剂洗净，将洗涤液倒入提取管中。

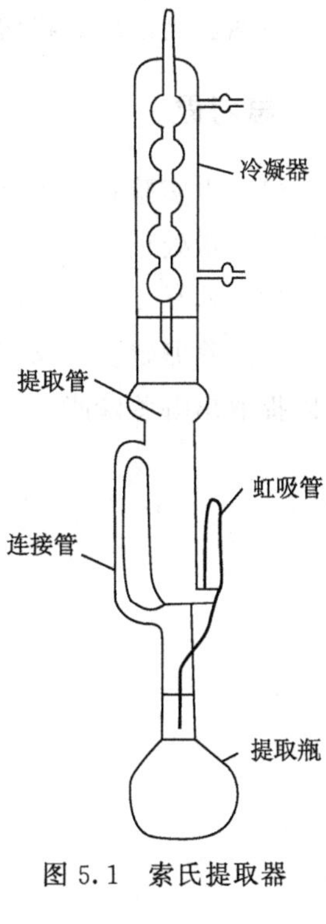

图 5.1　索氏提取器

2. 抽提

将洗净的提取瓶在 105 ℃烘箱内烘干至恒重。加入石油醚约达到提取瓶容积的一半。然后，将提取器各部分连接如图 5.1 所示。

加热抽提时，应在恒温水浴中进行。在加热时石油醚蒸发，石油醚蒸气由连接管上升至冷凝器，凝结成液体，滴入提取管中，此时样品内的脂肪为石油醚所抽提。待石油醚液面超过虹吸管高度后，溶有脂肪的石油醚经虹吸管流入提取瓶。如此循环抽提，调节水浴温度，使石油醚每小时循环 10～20 次。提取时间视样品性质而定，一般需 14～24 h。样品含有的脂肪是否提取完全，可以用滤纸来粗略地判断。从提取管内吸取少量的石油醚并滴在干净的滤纸上，待石油醚蒸干后，滤纸上不留有油脂的斑点则表示已经提取完全。

提取完毕后，再将石油醚蒸到提取管内，待石油醚液面达到虹吸管的最高处以前，取下提取瓶。将提取瓶中的石油醚全部蒸干，洗净外壁，置于 105 ℃烘箱中干燥至恒量，称量，再把瓶中脂肪倒出，洗净、烘干并称重。

五、结果与分析

按下式计算样品中粗脂肪的质量分数：

$$粗脂肪=\frac{提取瓶及瓶中脂肪的质量（g）-提取瓶的质量（g）}{样品质量（g）}\times 100\%$$

六、附注

石油醚为易燃有机溶剂，实验室应保持通风并禁止任何明火。

七、思考题

(1) 本实验制备得到的是粗脂肪，若要制备单一组分的脂类成分，可用什么方法进一步处理？

(2) 列举 4～5 种良好的脂肪溶剂。

(3) 除卵磷脂（又名磷脂酰胆碱或胆碱磷脂甘油酯）外，从动物组织中还可以提取出哪些磷脂？

实验二　植物组织中丙二醛含量的测定

一、目的

了解测定植物组织中丙二醛含量的意义。掌握植物体内丙二醛含量测定的原理及方法。

二、原理

丙二醛（malonaldehyde，MDA）是由于植物器官衰老或在逆境条件下受伤害，其组织或器官膜脂质发生过氧化反应而产生的一种有机物。它的含量与植物衰老及逆境对植物的伤害程度有密切关系。测定植物体内丙二醛的含量，通常利用硫代巴比妥酸（TBA）在酸性条件下加热与组织中的丙二醛产生显色反应，生成红棕色的三甲川（3,5,5-三甲基噁唑烷-2,4-二酮），三甲川最大的吸收波长为 532 nm。测定植物组织中的 MDA 含量会受到多种物质的干扰，其中最主要的是可溶性糖，糖与硫代巴比妥酸显色反应产物的最大吸收波长为 450 nm，在 532 nm 处也有吸收。植物遭受干旱、高温、低温等逆境胁迫时可溶性糖增加，因此测定植物组织中丙二醛与硫代巴比妥酸反应产物含量时一定要排除可溶性糖的干扰。此外在 532 nm 处的非特异背景吸收的影响也要加以排除。低浓度的 Fe^{3+} 能显著增加硫代巴比妥酸与丙二醛显色反应物在 532 nm 和 450 nm 处的吸光值，所以在丙二醛与硫代巴比妥酸显色反应中需要有一定的 Fe^{3+} 存在，通常植物组织中每克干重含 Fe^{3+} 的量为 100～300 μg，根据植物样品量和提取液的体积，通常加入 Fe^{3+} 的终浓度为 0.5 nmol/L。在 532 nm、600 nm 和 450 nm 波长处测定吸光度值，即可计算出丙二醛含量。

三、实验用品

（一）实验材料

植物叶片。

（二）器皿

（1）离心机。

(2) 分光光度计。

(3) 电子天平。

(4) 恒温水浴。

(5) 研钵1套。

(6) 离心管10 mL×5。

(7) 移液管2 mL×4，10 mL×1。

(8) 试管架，移液管架，洗耳球，剪刀。

(三) 试剂

(1) 10％三氯乙酸。

(2) 0.6％硫代巴比妥酸（TBA）溶液：先加少量的氢氧化钠（1 mol/L）溶解，再用10％的三氯乙酸定容。

(3) 石英砂。

四、操作步骤

1. 丙二醛的提取

称取受干旱、高温、低温等逆境胁迫的植物叶片1 g，用剪刀剪碎放入研钵中，加入少量石英砂和10％三氯乙酸2 mL，研磨至匀浆，再加8 mL 10％三氯乙酸进一步研磨，匀浆以4000 r/min离心10 min，其上清液即为丙二醛的提取液。

2. 显色反应及测定

取4支干净离心管，分别编号，3支为样品管（三个重复），1支为对照管，向各离心管中加入提取液2 mL，对照管中加蒸馏水2 mL，样品管各加入2 mL 0.6％硫代巴比妥酸溶液，沸水浴上加热15 min，迅速冷却，4000 r/min离心10 min。取上清液分别于450 nm、532 nm和600 nm波长下，测定吸光度。

五、结果与分析

根据以下公式计算丙二醛含量：

$$\mathrm{MDA}(\mu\mathrm{mol/g\ FW}) = [6.452 \times (\mathrm{OD}_{532\ \mathrm{nm}} - \mathrm{OD}_{600\ \mathrm{nm}}) - 0.559 \times \mathrm{OD}_{450\ \mathrm{nm}}] \times \frac{V_t}{V_s \times W}$$

式中，V_t为提取液总体积（mL）；V_s为测定用提取液体积（mL）；W为样品鲜重（g）；$\mathrm{OD}_{532\ \mathrm{nm}}$、$\mathrm{OD}_{450\ \mathrm{nm}}$和$\mathrm{OD}_{600\ \mathrm{nm}}$分别代表532 nm、450 nm和600 nm波长

下的光密度值。

六、思考题

不同植物在同一逆境下，丙二醛含量变化不同，说明了什么？

实验三　脂肪碘值的测定

一、目的

了解测定脂肪碘值的意义。掌握测定脂肪碘值的原理和操作方法。

二、原理

不饱和脂肪酸碳链上含有不饱和键，可与卤素（氯、溴、碘）进行加成反应。不饱和键数目越多，加成的卤素量也越多，通常以“碘值”表示。在一定条件下，每 100 g 脂肪所吸收碘的质量（g）称为该脂肪的“碘值”。碘值越高，表明不饱和脂肪酸的含量越高，它是鉴定和鉴别油脂的一个重要指标。

碘与脂肪的加成反应很慢，而氯、溴与脂肪的加成反应快，但常有取代和氧化等副反应。本实验使用溴化碘（IBr）进行碘值的测定，这种试剂稳定，测定的结果接近理论值。IBr 一部分与油脂的不饱和脂肪酸起加成作用，剩余部分与碘化钾作用放出碘，放出的碘用硫代硫酸钠滴定。

反应过程如下：

加成反应：

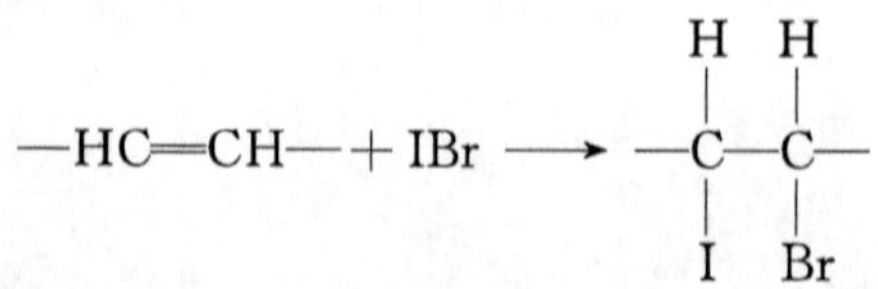

释放碘：　$IBr + KI \longrightarrow KBr + I_2$

滴定：　$I_2 + 2Na_2S_2O_3 \longrightarrow 2NaI + Na_2S_4O_6$

三、实验用品

（一）实验材料

花生油或猪油。

（二）器皿

（1）电子天平。

(2) 碘瓶（或带玻璃塞的锥形瓶）。

(3) 棕色、无色滴定管各 1 支。

(4) 移液管 1 mL×1，10 mL×2。

(5) 量筒 50 mL×1。

（三）试剂

(1) 溴化碘溶液（Hanus 溶液）。取 12.2 g 碘，放入 1500 mL 试剂瓶内，缓慢加入 1000 mL 冰醋酸（99.5%），边加边摇，同时略温热，使碘溶解。冷却后，加溴约 3 mL。

注意：所用冰醋酸不应含有还原性物质。检查方法：取 2 mL 冰醋酸，加少许重铬酸钾及硫酸，若呈绿色，则证明有还原性物质存在。

(2) 0.1 mol/L 标准硫代硫酸钠溶液。取结晶硫代硫酸钠 50 g，溶于经煮沸后冷却的蒸馏水（无 CO_2 存在）中。添加硼砂 7.6 g 或氢氧化钠 1.6 g（硫代硫酸钠溶液在 pH 9～10 时最稳定）。稀释到 2000 mL 后，用标准 0.1 mol/L 碘酸钾溶液按下面的方法标定：

准确量取 0.1 mol/L 碘酸钾溶液 20 mL、10%碘化钾溶液 10 mL 和 1 mol/L 硫酸 20 mL，混合均匀。以 1%淀粉溶液作指示剂，用硫代硫酸钠溶液进行标定。按下面所列反应式计算硫代硫酸钠溶液浓度后，用水稀释至 0.1 mol/L。

$$5KI + KIO_3 + 3H_2SO_4 \longrightarrow 3K_2SO_4 + 3H_2O + 3I_2$$

$$2Na_2S_2O_3 + I_2 \longrightarrow Na_2S_4O_6 + 2NaI$$

$$c_{Na_2S_2O_3} = c_{KIO_3} \times V_{KIO_3} / V_{Na_2S_2O_3} \quad (mol/L)$$

(3) 纯四氯化碳。

(4) 1%淀粉溶液（溶于饱和氯化钠溶液中）。

(5) 10%碘化钾溶液。

四、操作步骤

(1) 准确称取 0.3～0.4 g 花生油或 0.5～0.6 g 猪油（不同材料根据表 5.2 和表 5.3 可确定用量），置于干燥的碘瓶内，切勿使油粘在瓶颈或壁上。加入 10 mL 四氯化碳，轻轻摇动，使油全部溶解。用滴定管仔细地加入 25 mL 溴化碘溶液，勿使溶液接触瓶颈，塞好瓶塞，在玻璃塞与瓶口之间加数滴 10%碘化钾溶液封闭缝隙，以免碘的挥发损失。在 20～30 ℃避光处放置 30 min，并不时轻轻摇动。油吸收的碘量不应超过溴化碘溶液所含碘量的一半，若瓶内混合物的颜色很浅，表示油用量过多，应改称取较少量的油。

表 5.2　几种油脂的碘值

	亚麻籽油	鱼肝油	棉籽油	花生油	猪　油	牛　油
碘值/(g/100g)	175～210	154～170	104～110	85～100	48～64	25～41

表 5.3　碘值与样品用量的关系

碘值/(g/100g)	30 以下	30～60	60～100	100～140	140～160	160～210
样品数/g	约 1.1	0.5～0.6	0.3～0.4	0.2～0.3	0.15～0.26	0.13～0.15
作用时间/h	0.5	0.5	0.5	1.0	1.0	1.0

(2) 放置 30 min 后，立刻小心地打开玻璃塞，使玻璃塞旁的碘化钾溶液流入瓶内，切勿丢失。用新配制的 10%碘化钾 10 mL 和蒸馏水 50 mL 将玻璃塞和瓶颈上的液体冲洗入瓶内，混合均匀。用 0.1 mol/L 硫代硫酸钠溶液迅速滴定至浅黄色。加入 1%淀粉溶液约 1 mL，继续滴定，将近终点时，用力振荡，使四氯化碳中的碘单质全部进入水溶液内。再滴定至蓝色消失为止，即达滴定终点。

另作 1 份空白对照，除不加油样品外，其余操作同上。

滴定后，将废液倒入废液缸内，以便回收四氯化碳，计算碘值。

五、结果与分析

碘值表示 100 g 脂肪所能吸收碘的质量（g），因此样品碘值的计算如下：

$$碘值=\frac{(A-B)\times T\times 100}{C}$$

式中，A 为滴定空白用去的 $Na_2S_2O_3$ 溶液的平均体积（mL）；B 为滴定碘化后样品用去的 $Na_2S_2O_3$ 溶液的平均体积（mL）；C 为样品的质量（g）；T 为 1 mL 0.1 mol/L 的硫代硫酸钠溶液相当的碘的质量，$T=0.012\ 69$ g/mL。

六、附注

(1) 碘瓶必须洁净、干燥，否则油中含有水分，引起反应不完全。

(2) 加碘试剂后，如发现碘瓶中颜色变为浅褐色，表明试剂不够，必须再添加 10～15 mL 试剂。

(3) 如加入碘试剂后，液体变浊，这表明油脂在 CCl_4 中溶解不完全，可再加些 CCl_4。

(4) 接近滴定终点时，用力振荡是本滴定成败的关键之一，否则容易滴加过头或不足。如振荡不够，CCl_4 层会出现紫色或红色，此时应用力振荡，使碘进入水层。

（5）淀粉溶液不宜加得过早，否则滴定值偏高。

七、思考题

（1）测定碘值有何意义？液体油和固体脂碘值间有何区别？

（2）滴定过程中，淀粉溶液为何不能过早加入？

（3）滴定完毕放置一些时间后，溶液应返回蓝色，否则表示滴定过量，为什么？

实验四　卵黄中卵磷脂的提取和鉴定

一、目的

了解卵磷脂的性质。学习和掌握提取卵磷脂粗制品的方法。

二、原理

机体的各种组织和细胞均含卵磷脂。在卵黄（约含10%）、神经、精液、脑髓、肾上腺、心脏、蘑菇和酵母等组织内含量更高。纯卵磷脂是白色蜡状块，不溶于水，易溶于醇、氯仿、乙醚和二硫化碳中，但不溶于丙酮。利用其不溶于丙酮的性质可与中性脂肪分离。

三、实验用品

（一）实验材料

鸡蛋。

（二）器皿

（1）电子天平。

（2）水浴锅。

（3）小烧杯50 mL×1。

（4）干燥试管20 mL×1，10 mL×2。

（5）试管架。

（6）玻璃漏斗，玻璃棒。

（7）量筒25 mL×1。

（8）移液管2 mL×2，1 mL×1。

（三）试剂

（1）95%乙醇。

（2）10%氢氧化钠溶液。

（3）丙酮。

四、操作步骤

(1) 提取。取鸡蛋黄约 2 g，放入小烧杯内。加入 15 mL 热的 95%乙醇溶液，并同时搅拌。冷却后滤入干燥试管内。如滤液混浊，需重滤，直到完全透明。将滤液在水浴上蒸干。

(2) 三甲胺实验。取操作步骤 (1) 制得的卵磷脂一部分，放入试管中。加 10%氢氧化钠溶液 2 mL 并在水浴上加热。卵磷脂分解生成胆碱，胆碱在碱的作用下，形成三甲胺。注意三甲胺有鱼腥味。

(3) 另取一些卵磷脂溶于 1 mL 乙醇中，添加丙酮 1～2 mL，观察变化。

五、结果与分析

卵磷脂溶于乙醇后，再添加丙酮出现什么现象？为什么？

六、思考题

(1) 怎样分离卵磷脂和简单脂？

(2) 为什么卵磷脂是一个良好的乳化剂？

主要参考文献

陈钧辉. 2003. 生物化学实验（第三版）. 北京：科学出版社

陈毓荃. 2002. 生化实验方法和技术. 北京：科学出版社

董晓燕. 2003. 生物化学实验. 北京：化学工业出版社

郭勇. 2005. 现代生化技术（第二版）. 北京：科学出版社

李如亮. 1998. 生物化学实验. 武汉：武汉大学出版社

史峰. 2002. 生物化学实验. 杭州：浙江大学出版社

王宪泽. 2002. 生物化学实验技术原理和方法. 北京：中国农业大学出版社

赵亚华. 2000. 生物化学实验技术教程. 广州：华南理工大学出版社

附　录　一

一、实验室安全及防护知识

在生化实验室工作，经常与易燃烧、具有爆炸危险、有腐蚀性甚至毒性较强的化学药品接触，使用的器皿大都是易碎的玻璃和陶瓷制品，实验室也常使用煤气（天然气）、水、高温电热设备和各种高、低压仪器，因此安全操作是一个至关重要的问题。

（一）安全用电

生物化学实验室要经常使用烘箱和电炉等仪器，因此每位实验人员都必须能熟练地安全用电，避免发生一切用电事故，人体若通过 50 Hz 25 mA 以上的交流电时会发生呼吸困难，100 mA 以上则会致死。

（1）防止触电。

1）不能用湿手接触电器。

2）电源裸露部分都应绝缘。

3）坏的接头、插头、插座和不良导线应及时更换。

4）先接好线路再插接电源，反之先关电源再拆线路。

（2）防止电器着火。

1）保险丝、电源线的截面积、插头和插座都要与使用的额定电流相匹配。

2）三条相线要平均用电。

3）生锈的电器、接触不良的导线接头要及时处理。

4）电炉、烘箱等电热设备不可过夜使用。

（二）防止火灾、爆炸

生化实验室不仅经常使用大量的有机溶剂，如甲醇、乙醇、丙酮、氯仿等，而且又经常使用电炉、酒精灯等火源，因此极易发生着火事故。常用有机溶剂的易燃性见表 1。

表 1 常用有机溶剂的易燃性

名称	沸点/℃	闪点*/℃	自燃点**/℃
乙醚	34.5	−40	180
丙酮	56	−17	538
二硫化碳	46	−30	100
苯	80	−11	574
乙醇（95%）	78	12	400

* 闪点：液体表面的蒸气和空气的混合物在遇明火或火花时着火的最低温度。

** 自燃点：液体蒸气在空气中自燃时的温度。

由表 1 可以看出：乙醚、二硫化碳、丙酮和苯的闪点都很低，因此不得存于可能会产生电火花的普通冰箱内。低闪点液体的蒸气只需接触红热物体的表面便会着火，其中二硫化碳尤其危险。

(1) 预防火灾必须严格遵守以下操作规程。

1) 严禁在开口容器和密闭体系中用明火加热有机溶剂，只能使用加热套或水浴加热。

2) 废弃的有机溶剂不得倒入废物桶，只能倒入回收瓶，以后再集中处理。量少时用水稀释后排入下水道。

3) 不得在烘箱内存放、干燥、烘焙有机物。

4) 在有明火的实验台面上不允许放置开口的有机溶剂或倾倒有机溶剂。

(2) 灭火方法。

实验室中一旦发生火灾切不可惊慌失措，要保持镇静，根据具体情况正确地进行灭火或立即报火警。

1) 容器中的易燃物着火时，用灭火毯盖灭。因已确证石棉有致癌性，故改用玻璃纤维布作灭火毯。

2) 乙醇、丙酮等可溶于水的有机溶剂着火时可以用水灭火。汽油、乙醚、甲苯等有机溶剂着火时不能用水，只能用灭火毯和砂土盖灭。

3) 导线、电器和仪器着火时不能用水和二氧化碳灭火器灭火，应先切断电源，然后用 1211 灭火器（内装二氟一氯一溴甲烷）灭火。

生物化学实验室防止爆炸事故是极为重要的，因为一旦爆炸其毁坏力极大，后果将十分严重。生物化学实验室常用的易燃物蒸气在空气中的爆炸极限（体积分数）见表 2。

表 2　常用易燃物蒸气的爆炸极限

名称	爆炸极限（体积分数/%）	名称	爆炸极限（体积分数/%）
乙醚	1.9～36.5	丙酮	2.6～13
甲醇	6.7～36.5	乙醇	3.3～19
氢气	4.1～74.2	乙炔	3.0～82

（三）严防中毒

生化实验室常见的化学致癌物有石棉、砷化物、铬酸盐、溴化乙锭等。

剧毒物有氰化物、砷化物、乙腈 、甲醇、氯化氢、汞及其化合物等。

中毒的原因主要是由于不慎吸入、误食或由皮肤渗入。

（1）中毒的预防。

1）保护好眼睛最重要，使用有毒或有刺激性气体时，必须戴防护眼镜，并应在通风橱内进行。

2）取用剧毒试剂时必须戴橡皮手套。

3）严禁用嘴吸移液管，严禁在实验室内饮水、进食、吸烟，禁止赤膊和穿拖鞋。

4）不要用乙醇等有机溶剂擦洗溅洒在皮肤上的药品。

（2）中毒急救的方法主要有如下几种。

1）误食了酸和碱不要催吐，可先立即大量饮水，误食碱者再喝些牛奶，误食酸者，饮水后再服 $Mg(OH)_2$ 乳剂，最后饮些牛奶。

2）吸入了毒气，立即转移到室外，解开衣领，休克者应施以人工呼吸，但不要用口对口法。

3）砷和汞中毒者应立即送医院急救。

（四）避免外伤

（1）化学灼伤。

1）眼睛灼伤或掉进异物：眼内若溅入任何化学药品，应立即用大量水冲洗15 min，不可用稀酸或稀碱冲洗。若有玻璃碎片进入眼内则非常危险，必须十分小心谨慎，不可自取，不可转动眼球，可任其流泪，若碎片不出，则应用纱布轻轻包住眼睛急送医院处理。若有木屑、尘粒等异物进入，可由他人翻开眼睑，用消毒棉签轻轻取出或任其流泪，待异物排出后再滴几滴鱼肝油。

2）皮肤灼伤。

① 酸灼伤：先用大量水洗，再用稀 $NaHCO_3$ 或稀氨水浸洗，最后再用

水洗。

② 碱灼伤：先用大量水冲洗，再用 1%硼酸或 2%乙酸浸洗，最后再用水洗。

③ 溴灼伤：很危险，伤口不易愈合，一旦灼伤，立即用 20%硫代硫酸钠冲洗，再用大量水冲洗，包上消毒纱布后就医。

(2) 烫伤。使用火焰、蒸气、红热的玻璃和金属时易发生烫伤，应立即用大量水冲洗和浸泡，若起水泡不可挑破，包上纱布后就医，轻度烫伤可涂抹鱼肝油和烫伤膏等。

(3) 割伤。这是生物化学实验室常见的伤害，要特别注意预防，尤其是在向橡皮塞中插入温度计、玻璃管时一定要用水或甘油润滑，用布包住玻璃管轻轻旋入，切不可用力过猛，若发生严重割伤时要立即包扎止血，就医时务必检查伤部神经是否被切断。

鉴于上述情况，实验室应准备一个完备的小药箱，专供急救时使用。药箱内备有：医用酒精、红药水、紫药水、止血粉、创可贴、烫伤油膏（或万花油）、鱼肝油、1%硼酸溶液或 2%乙酸溶液、1%碳酸氢钠溶液、20%硫代硫酸钠溶液、医用镊子和剪刀、纱布、药棉、棉签、绷带等。

（五）防止生物危害

(1) 生物材料如微生物、动物的组织、细胞培养液、血液和分泌物都可能存在细菌和病毒感染的潜伏性危险，感染的主要途径除血液外，其他体液也能传染病毒，因此处理各种生物材料必须谨慎、小心，做完实验后必须用肥皂、洗涤剂或消毒液充分洗净双手。

(2) 使用微生物作为实验材料时，尤其要注意安全和清洁卫生。被污染的物品必须进行高压消毒或烧成灰烬。被污染的玻璃用具应该在清洗和高压灭菌之前先浸泡在适当的消毒液中处理。

(3) 进行遗传重组的实验室更应该根据有关规定加强生物危害的防范措施。

（六）警惕放射性伤害

同位素在生化实验中应用越来越普遍，放射性伤害也应引起实验者的高度警惕。同位素的使用必须在指定的具有放射性标志的专用实验室中进行。切忌在普通实验室中操作和存放带有同位素的材料和器具。

二、试剂、试剂配制与保存

（一）常用缓冲液的配制方法

1. 柠檬酸-氢氧化钠-盐酸缓冲液

不同 pH 的该缓冲液的配制见下表。

pH	钠离子浓度 /(mol/L)	柠檬酸 ($C_6H_8O_7 \cdot H_2O$) /g	氢氧化钠 (NaOH 97%) /g	盐酸 (HCl，浓) /mL	最终体积 /L
2.2	0.20	210	84	160	10
3.1	0.20	210	83	116	10
3.3	0.20	210	83	106	10
4.3	0.20	210	83	45	10
5.3	0.35	245	144	68	10
5.8	0.45	285	186	105	10
6.5	0.38	266	156	126	10

使用时可以每升中加入 1 g 酚，若最后 pH 有变化，再用少量 50% 氢氧化钠溶液或浓盐酸调节，冰箱保存。

2. 柠檬酸－柠檬酸钠缓冲液（0.1 mol/L）

不同 pH 的该缓冲液的配制见下表。

pH	0.1 mol/L 柠檬酸 /mL	0.1 mol/L 柠檬酸钠 /mL	pH	0.1 mol/L 柠檬酸 /mL	0.1 mol/L 柠檬酸钠 /mL
3.0	18.6	1.4	5.0	8.2	11.8
3.2	17.2	2.8	5.2	7.3	12.7
3.4	16.0	4.0	5.4	6.4	13.6
3.6	14.9	5.1	5.6	5.5	14.5
3.8	14.0	6.0	5.8	4.7	15.3
4.0	13.1	6.9	6.0	3.8	16.2
4.2	12.3	7.7	6.2	2.8	17.2
4.4	11.4	8.6	6.4	2.0	18.0
4.6	10.3	9.7	6.6	1.4	18.6
4.8	9.2	10.8			

柠檬酸（$C_6H_8O_7 \cdot H_2O$）：相对分子质量为 210.14，0.1 mol/L 溶液为 21.01 g/L。

柠檬酸钠（$Na_3C_6H_5O_7 \cdot 2H_2O$）：相对分子质量为 294.12，0.1 mol/L 溶液为 29.41 g/L。

3. 乙酸-乙酸钠缓冲液（0.2 mol/L）

不同 pH 的该缓冲液的配制见下表。

pH（18℃）	0.2 mol/L NaAc/mL	0.3 mol/L HAc/mL	pH（18℃）	0.2 mol/L NaAc/mL	0.3 mol/L HAc/mL
2.6	0.75	9.25	4.8	5.90	4.10
3.8	1.20	8.80	5.0	7.00	3.00
4.0	1.80	8.20	5.2	7.90	2.10
4.2	2.65	7.35	5.4	8.60	1.40
4.4	3.70	6.30	5.6	9.10	0.90
4.6	4.90	5.10	5.8	9.40	0.60

乙酸钠（$Na_2Ac \cdot 3H_2O$）：相对分子质量为 136.09，0.2 mol/L 溶液为 27.22 g/L。

4. 磷酸氢二钠-磷酸二氢钠缓冲液（0.2 mol/L）

不同 pH 的该缓冲液的配制见下表。

pH	0.2 mol/L Na_2HPO_4/mL	0.2 mol/L NaH_2PO_4/mL	pH	0.2 mol/L Na_2HPO_4/mL	0.2 mol/L NaH_2PO_4/mL
5.8	8.0	92.0	7.0	61.0	39.0
5.9	10.0	90.0	7.1	67.0	33.0
6.0	12.3	87.7	7.2	72.0	28.0
6.1	15.0	85.0	7.3	77.0	23.0
6.2	18.5	81.5	7.4	81.0	19.0
6.3	22.5	77.5	7.5	84.0	16.0
6.4	26.5	73.5	7.6	87.0	13.0
6.5	31.5	68.5	7.7	89.5	10.5
6.6	37.5	62.5	7.8	91.5	8.5
6.7	43.5	56.5	7.9	93.0	7.0
6.8	49.5	51.0	8.0	94.7	5.3
6.9	55.0	45.0			

磷酸氢二钠（$Na_2HPO_4 \cdot 2H_2O$）：相对分子质量为 178.05，0.2 mol/L 溶液为 35.61 g/L。

磷酸氢二钠（$Na_2HPO_4 \cdot 12H_2O$）：相对分子质量为 358.22，0.2 mol/L 溶液为 71.64 g/L。

磷酸二氢钠（$NaH_2PO_4 \cdot H_2O$）：相对分子质量为 138.01，0.2 mol/L 溶液

为 27.60 g/L。

磷酸二氢钠（$NaH_2PO_4 \cdot 2H_2O$）：相对分子质量为 156.03，0.2 mol/L 溶液为 31.21 g/L。

5. Tris-HCl 缓冲液（0.05 mol/L，25℃）

50 mL 0.1 mol/L 三羟甲基氨基甲烷（Tris）溶液与 *X* 毫升 0.1 mol/L 盐酸（HCl）混匀后（见下表），加水稀释至 100 mL，即可配制成不同 pH 的缓冲液。

pH	*X*/mL	pH	*X*/mL
7.10	45.7	8.10	26.2
7.20	44.7	8.20	22.9
7.30	43.4	8.30	19.9
7.40	42.0	8.40	17.2
7.50	40.3	8.50	14.7
7.60	38.5	8.60	12.4
7.70	36.6	8.70	10.3
7.80	34.5	8.80	8.5
7.90	32.0	8.90	7.0
8.00	29.2		

三羟甲基氨基甲烷（Tris）

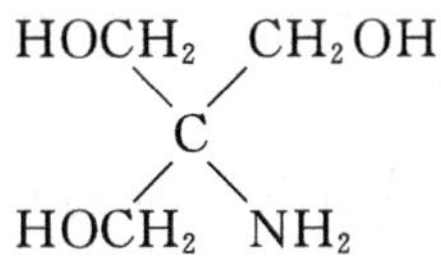

相对分子质量为 121.14，0.1 mol/L 溶液为 12.114 g/L。Tris 溶液可从空气中吸收二氧化碳，使用时注意将瓶盖盖严。

6. 碳酸钠-碳酸氢钠缓冲液（0.1 mol/L）

不同 pH 的缓冲液的配制见下表。

注意：有 Ca^{2+}、Mg^{2+} 存在时不得使用。

pH		0.1 mol/L	0.1 mol/L
20 ℃	37 ℃	Na_2CO_3/mL	$NaHCO_3$/mL
9.16	8.77	1	9
9.40	9.12	2	8
9.51	9.40	3	7
9.78	9.50	4	6
9.90	9.72	5	5

续表

pH		0.1 mol/L	0.1 mol/L
20 ℃	37 ℃	Na_2CO_3/mL	$NaHCO_3$/mL
10.14	9.90	6	4
10.28	10.08	7	3
10.53	10.28	8	2
10.83	10.57	9	1

碳酸钠（$Na_2CO_3 \cdot 10H_2O$）：相对分子质量为 286.2，0.1 mol/L 溶液为 28.62 g/L。

碳酸氢钠（$NaHCO_3$）：相对分子质量为 84.0，0.1 mol/L 溶液为 8.40 g/L。

7. 磷酸盐缓冲液（PBS）缓冲液

不同 pH 的 PBS 缓冲液的配制见下表。

pH	H_2O/mL	NaCl/g	Na_2HPO_4/g	NaH_2PO_4/g
7.6	1000	8.5	2.2	0.1
7.4	1000	8.5	2.2	0.2
7.2	1000	8.5	2.2	0.3
7.0	1000	8.5	2.2	0.4

（二）易变质及需要特殊方法保存的试剂

具体情况见表 3。

表 3　一些特殊试剂的保存注意事项

注意事项		试剂名称举例
需要密封	易潮解吸湿	氧化钙、氢氧化钠、氢氧化钾、碘化钾、三氯乙酸
	易失水风化	结晶硫酸钠、硫酸亚铁、含水磷酸氢二钠、硫代硫酸钠
	易挥发	氨水、氯仿、醚类、碘、麝香草酚、甲醛、乙醇、丙酮
	易吸收 CO_2	氢氧化钾、氢氧化钠
	易氧化	硫酸亚铁、醚类、醛类、酚类、抗坏血酸和一切还原剂
	易变质	丙酮酸钠、乙醚和许多生物制品（常需冷藏）
需要避光	见光变色	硝酸银（变黑）、酚类（变淡红）、氯仿（产生光气）、茚三酮（变淡红）
	见光分解	过氧化氢、氯仿、漂白粉、氢氰酸
	见光氧化	乙醚、醛类、亚铁盐和一切还原剂

续表

注意事项		试剂名称举例
特殊方法保管	易爆炸	苦味酸、硝酸盐类、过氯酸、叠氮化钠
	剧毒	氰化钾（钠）、汞、砷化物、溴
	易燃	乙醚、甲醇、乙醇、丙酮、苯、甲苯、二甲苯、汽油
	腐蚀	强酸、强碱

需要密封的化学试剂，可以先加塞塞紧，然后再用蜡封口。有的平时还需要保存在干燥器内，干燥剂可以用生石灰、无水氯化钙和硅胶，一般不宜用硫酸。需要避光保存的试剂，可置于棕色瓶内或用黑纸包装。

（三）一些常用的酸碱指示剂

具体情况见表 4。

表 4　常用酸碱指示剂的配制及变色范围

指示剂名称		配制方法	颜色		变色 pH
中文	英文	0.1g 溶于 250 mL 下列溶剂	酸	碱	范围
甲酚红（酸范围）	cresol red (acid range)	水，含 2.62 mL 0.1 mol/L NaOH	红	黄	0.2～1.8
间甲酚紫（酸范围）	*m*-cresol purple(acid range)	水，含 2.72 mL 0.1 mol/L NaOH	红	黄	1.0～2.6
金莲橙 OO	tropeolin OO	水	红	黄	1.3～3.0
甲基黄	methyl yellow	90%乙醇	红	黄	2.9～4.0
溴酚蓝	bromophenol blue	水，含 1.49 mL 0.1 mol/L NaOH	黄	紫	3.0～4.6
甲基橙	methyl orange	游离酸：水 钠盐：水，含 3 mL 0.1 mol/L HCl	红	橙黄	3.1～4.4
溴甲酚绿（蓝）	bromocresol green(blue)	水，含 1.43 mL 0.1 mol/L NaOH	黄	蓝	3.6～5.2
甲基红	methyl red	钠盐：水 游离酸：60%乙醇	红	黄	4.2～6.3
氯酚红	chlorophenol red	水，含 2.36 mL 0.1 mol/L NaOH	黄	紫红	4.8～6.4
溴甲酚紫	bromocresol purple	水，含 1.85 mL 0.1 mol/L NaOH	黄	紫	5.2～6.8
石蕊精（石蕊）	azolitmin (litmus)	水	红	蓝	5.0～8.0
溴麝香草酚蓝	bromothymol blue	水，含 1.6 mL 0.1 mol/L NaOH	黄	蓝	6.0～7.6
中性红	neutral red	70%乙醇	红	橙棕	6.8～8.0
甲酚红（碱范围）	cresol red (basic range)	水，含 2.62 mL 0.1 mol/L NaOH	黄	红	7.2～8.8
间甲酚紫（碱范围）	*m*-cresol purple (basic range)	水，含 2.62 mL 0.1 mol/L NaOH	黄	红紫	7.6～9.2

续表

指示剂名称		配制方法	颜色		变色 pH
中文	英文	0.1g 溶于 250 mL 下列溶剂	酸	碱	范围
麝香草酚蓝（碱范围）	thymol blue (basic range)	水，含 2.152 mL 0.1 mol/L NaOH	黄	蓝	8.0～9.6
酚酞	phenolphthalein	70%～90%乙醇（60% 2-乙氧基乙醇）	无色	桃红	8.3～10.0
麝香草酚酞（百里酚酞）	thymolphthalein	90%乙醇	无色	蓝	9.3～10.5
茜黄	alizarin yellow	乙醇	黄	红	10.1～12.0
金莲橙 O	tropeolin O	水	黄	橙	11.1～12.7

三、实验记录与实验报告

（一）实验记录

详细、准确、如实地作好实验记录是极为重要的，记录如果有误，会使整个实验失败，这也是培养学生实验能力和严谨科学作风的一个重要方面。

(1) 每位同学必须准备一个实验记录本，实验前认真预习实验，看懂实验原理和操作方法，在记录本上写好实验预习报告，包括详细的实验操作步骤(可以用流程图表示）和数据记录表格等。

(2) 记录本上要编好页数，不得撕缺和涂改，写错时可以划去重写，不得用铅笔记录，只能用钢笔和圆珠笔。记录本的左页作计算和草稿用，右页用做预习报告和实验记录。同组的两位同学合做同一实验时，两人都必须有完整的记录。

(3) 实验中应及时准确地记录所观察到的现象和测量的数据，条理清楚，字迹端正，切不可潦草以致日后无法辨认。实验记录必须客观公正，不可夹杂主观因素。

(4) 实验中要记录的各种数据，都应事先在记录本上设计好各种记录格式和表格，以免实验中由于忙乱而遗漏测量或记录，造成不可挽回的损失。

(5) 实验记录要注意有效数字，如吸光度值应为“0.050”，而不能记成“0.05”。每个结果都要尽可能重复测定 2 次以上，即使测定的数据相同或偏差很大，也都应如实记录，不得涂改。

(6) 实验中要详细记录实验条件，如使用的仪器型号、编号、生产厂家等；

生物材料的来源、形态特征、健康状况、选用的组织及其重量等；试剂的规格、化学式、相对分子质量、试剂的浓度等，都应记录清楚。

（二）实验报告

实验报告是实验的总结和汇报，通过实验报告的写作可以分析总结实验的经验和问题，学会处理各种实验数据的方法，加深对有关生物化学原理和实验技术的理解和掌握，同时也是学习撰写科学研究论文的过程。实验报告的一般格式如下（表5）。

表5　实验报告的一般格式

实验（编号）	实验名称	姓名	日期	页数
（1）实验目的：				
（2）实验原理：				
（3）仪器和试剂：				
（4）实验步骤：				
（5）实验结果：				
（6）分析讨论：				
（7）思考题：				

书写实验报告应注意以下几点。

（1）书写实验报告最好用练习本。也可以用单篇报告纸，为避免遗失，实验课全部结束后可装订成册以便保存。

（2）简明扼要的概括出实验原理，涉及化学反应最好用化学反应式表示。

（3）应列出所用的试剂和主要仪器。特殊的仪器要画出简图并有合适的图解，说明化学试剂时要避免使用未被普遍接受的商品名或俗名。

（4）实验方法步骤的描述要简洁，不要照抄实验指导书或实验讲义，但要写得明白，以便他人能够重复。

（5）为了能重复以前的某些实验结果，或使本次的结果能在今后再现，因此在实验中应记录实际观察到的实验现象而不是照抄实验指导书所列的应观察到的实验现象和结果，并记录实验现象的所有细节。

（三）表格和图解

最好用图表的形式概括实验结果。根据所记录数据的性质，确定用图还是图表。

1. 表格

表格设计要求紧凑、简明并有编号和标题，有时还需要在标题下面附以详细的说明。在每一纵行数据的顶端注明所使用的单位而不要在表格的每一行中都重复地书写数据的单位。表格中的数据应有合适的位数，为此可适当调整数据的单位。表格举例见表6。

表6　血清胆固醇的测定

项目	空白管	标准管	测试管	
			1	2
(1) 无水乙醇/mL	1.0	—	—	—
(2) 胆固醇标准液/mL	—	1.0	—	—
(3) 血清胆固醇提取液/mL	—	—	1.0	1.0
(4) 磷硫铁试剂/mL	1.0	1.0	1.0	1.0
摇匀，10 min后，0.5 cm光径，测 $A_{560\ nm}$				
$A_{560\ nm}$值	—			
			均值：	

2. 图解

在实验报告中，常常画上专门仪器的粗略草图。此外，用图线表示层析或电泳的结果或用流程图表示纯化的步骤也比冗长的描述更清楚。绘制层析、电泳图谱时，除比例关系由实验者酌情安排外，层析斑点、电泳区带形状、位置、颜色及其深度、背景颜色等应力求与原物一致。

四、玻璃仪器的洗涤及各种洗液的配制法

实验中所使用的玻璃仪器清洁与否，直接影响实验结果，往往由于仪器的不清洁或被污染而造成较大的实验误差，甚至会出现相反的实验结果。因此，玻璃仪器的洗涤清洁工作是非常重要的。

（一）初用玻璃仪器的清洗

新购买的玻璃仪器表面常附着有游离的碱性物质，可先用洗涤灵稀释液、肥皂水或去污粉等洗刷，用自来水洗净后浸泡在1%～2%盐酸溶液中过夜（不少于4 h），再用自来水冲洗，最后用蒸馏水冲洗2～3次，在80～100 ℃烘箱内烘干备用。

（二）使用过的玻璃仪器的清洗

1. 一般玻璃仪器

一般玻璃仪器如试管、烧杯、锥形瓶等（包括量筒），先用自来水洗刷至无污物；再选用大小合适的毛刷蘸取洗涤灵稀释液或浸入洗涤灵稀释液内，将器皿内外（特别是内壁）细心刷洗，用自来水冲洗干净后，蒸馏水冲洗 2～3 次，烘干或倒置在清洁处，干后备用。凡洗净的玻璃器皿，不应在器壁上带有水珠，否则表示尚未洗干净，应再按上述方法重新洗涤。若发现内壁有难以去掉的污迹，应分别使用下述各种洗涤液［见本部分（三）洗涤液的种类和配制方法］予以清除，再重新冲洗。

2. 量器

量器如移液管、滴定管、量瓶等使用后应立即浸泡于水中，勿使物质干涸。工作完毕后用流水冲洗，去除附着的试剂、蛋白质等物质，晾干后浸泡在铬酸洗液中 4～6 h（或过夜），再用自来水充分冲洗，最后用蒸馏水冲洗 2～4 次，风干备用。

3. 其他

具有传染性样品的容器，如病毒、传染病患者的血清等污染过的容器，应先进行高压（或其他方法）消毒后再进行清洗。盛过各种有毒药品，特别是剧毒药品和放射性同位素等物质的容器，必须经过专门处理，确定没有残余毒物存在后方可进行清洗。

（三）洗涤液的种类和配制方法

（1）铬酸洗液（重铬酸钾-硫酸洗液，简称为铬酸洗液）。

广泛用于玻璃仪器的洗涤。常用的配制方法有下述四种。

1）取 100 mL 工业浓硫酸置于烧杯内，小心加热，然后小心慢慢加入 5 g 重铬酸钾粉末，边加边搅拌，待全部溶解后冷却，储存于具玻璃塞的细口瓶内。

2）称取 5 g 重铬酸钾粉末置于 250 mL 烧杯中，加水 5 mL，尽量使其溶解。慢慢加入浓硫酸 100 mL，随加随搅拌。冷却后储存备用。

3）称取 80 g 重铬酸钾，溶于 1000 mL 自来水中，慢慢加入工业浓硫酸 100 mL（边加边用玻璃棒搅动）。

4）称取 200 g 重铬酸钾，溶于 500 mL 自来水中，慢慢加入工业浓硫酸 500 mL（边加边搅拌）。

(2) 浓盐酸（工业用）：可洗去水垢或某些无机盐沉淀。

(3) 5%草酸溶液：用数滴硫酸酸化，可洗去高锰酸钾的痕迹。

(4) 5%～10%磷酸三钠（$Na_3PO_4 \cdot 12H_2O$）溶液：可洗涤油污物。

(5) 30%硝酸溶液：洗涤 CO_2 测定仪器及微量滴管。

(6) 5%～10%乙二胺四乙酸二钠（EDTA-Na_2）溶液：加热煮沸可洗脱玻璃仪器内壁的白色沉淀物。

(7) 尿素洗涤液：是蛋白质的良好溶剂，适用于洗涤盛蛋白质制剂及血样的容器。

(8) 乙醇与浓硝酸混合液：最适合于洗净滴定管，在滴定管中加入 3 mL 乙醇，然后沿管壁慢慢加入 4 mL 浓硝酸（相对密度 1.4），盖住滴定管管口，利用所产生的氧化氮洗净滴定管。

(9) 有机溶剂：如丙酮、乙醇、乙醚等可用于洗去油脂、脂溶性染料等污痕。二甲苯可洗脱油漆的污垢。

(10) 含有氢氧化钾的乙醇溶液和含有高锰酸钾的氢氧化钠溶液：是两种强碱性的洗涤液，对玻璃仪器的侵蚀性很强，清除容器内壁污垢，洗涤时间不宜过长。使用时应小心慎重。

上述洗涤液可多次使用，但是使用前必须将待洗涤的玻璃仪器先用水冲洗多次，除去肥皂、去污粉或各种废液。若仪器上有凡士林或羊毛脂时，应先用纸擦去，然后用乙醇或乙醚擦净后才能使用上述洗涤液，否则会使洗涤液迅速失效。例如，肥皂水、有机溶剂（乙醇、甲醛等）及少量油污都会使重铬酸钾-硫酸洗液变成绿色，降低洗涤能力。

五、常用数据表

（一）一些常见蛋白质的分子质量参考值

具体见表 7。

表 7　常见蛋白质的相对分子质量

蛋白质	相对分子质量
亮氨酸氨肽酶（leucine aminopeptidase）	255 000
肌球蛋白（myosin）	220 000
甲状腺球蛋白（thyroglobulin）	165 000

续表

蛋白质	相对分子质量
β-半乳糖苷酶（β-galactosidase）	130 000
副肌球蛋白（paramyosin）	100 000
磷酸化酶 a（phosphorylase a）	94 000
血清白蛋白（serum albumin）	68 000
L-氨基酸氧化酶（L-amino acid oxidase）	63 000
过氧化氢酶（catalase）	60 000
丙酮酸激酶（pyruvate kinase）	57 000
谷氨酸脱氢酶（glutamate dehydrogenase）	53 000
γ-球蛋白，H 链（γ-globulin，H chain）	50 000
延胡索酸酶（反丁烯二酸酶）（fumarase）	49 000
卵白蛋白（ovalbumin）	43 000
醇脱氢酶（肝）[alcohol dehydrogenase (liver)]	41 000
烯醇酶（enolase）	41 000
醛缩酶（aldolase）	40 000
肌酸激酶（creatine kinase）	40 000
胃蛋白酶原（pepsinogen）	40 000
D-氨基酸氧化酶（D-amino acid oxidase）	37 000
醇脱氢酶（酵母）[alcohol dehydrogenase (yeast)]	37 000
甘油醛磷酸脱氢酶（glyceraldehyde phosphate dehydrogenase）	36 000
原肌球蛋白（tropomyosin）	36 000
乳酸脱氢酶（lactate dehydrogenase）	36 000
胃蛋白酶（pepsin）	35 000
转磷酸核糖基酶（phosphoribosyl transferase）	35 000
天冬氨酸氨甲酰转移酶，C 链（aspartate transcarbamylase，C chain）	34 000
羧肽酶 A（carboxypeptidase A）	34 000
碳酸酐酶（carbonic anhydrase）	29 000
枯草杆菌蛋白酶（subtilisin）	27 600
γ-球蛋白，L 链（γ-globulin，L chain）	23 500
糜蛋白酶原（胰凝乳蛋白酶原）（chymotrypsinogen）	11 000 或 13 000

（二）嘌呤、嘧啶碱基、核苷和核苷酸相对分子质量

具体见表 8。

表 8 嘌呤、嘧啶碱基、核苷和核苷酸相对分子质量

嘌呤、嘧啶碱基	相对分子质量	核苷	相对分子质量	核苷酸	相对分子质量 H-型	相对分子质量 Na_2-型
腺嘌呤	135.11	腺苷	267.24	腺苷酸	347.22	391.22
鸟嘌呤	151.15	鸟苷	283.26	二磷酸腺苷	427.20	
黄嘌呤	152.11	黄苷	284.24	三磷酸腺苷	507.20	
次黄嘌呤	136.11	次黄苷	268.24	3′，5′-环腺苷酸	329.20	
胞嘧啶	111.10	胞苷	243.23	鸟苷酸	363.24	407.22
尿嘧啶	112.09	尿苷	244.20	肌苷酸	348.22	
胸腺嘧啶	126.11	脱氧腺苷	251.24	胞苷酸	323.21	367.31
		脱氧鸟苷	267.24	尿苷酸	324.18	368.18
		脱氧肌苷	252.24	脱氧腺苷酸	331.22	
		脱氧胞苷	227.22	脱氧鸟苷酸	347.23	
		脱氧尿苷	228.20	脱氧胞苷酸	307.20	
		脱氧胸腺苷	242.23	脱氧胸腺苷酸	332.21	

六、离心机转数与相对离心力的换算

r 为离心机转头的半径（角转头），或离心管中轴底部内壁到离心机转轴中心的距离（甩平头），单位为 cm。n 为离心机每分钟的转数，单位为 r/min。

RCF 为相对离心力，以地心引力即重力加速度的倍数来表示，一般用 g（或数字 $\times g$）表示。

RCF 是由下述公式计算而来的：

$$\mathrm{RCF}=1.119\times10^{-5}\times r\times(n)^2$$

将离心机转数换算为离心力（图 1），首先，在离心半径标尺上取已知的半径并在每分钟转数标尺上取已知的离心机转数，然后，将这两点间划一条直线，在图中间相对离心力标尺上的交叉点即为相应离心力数值。反之亦然。

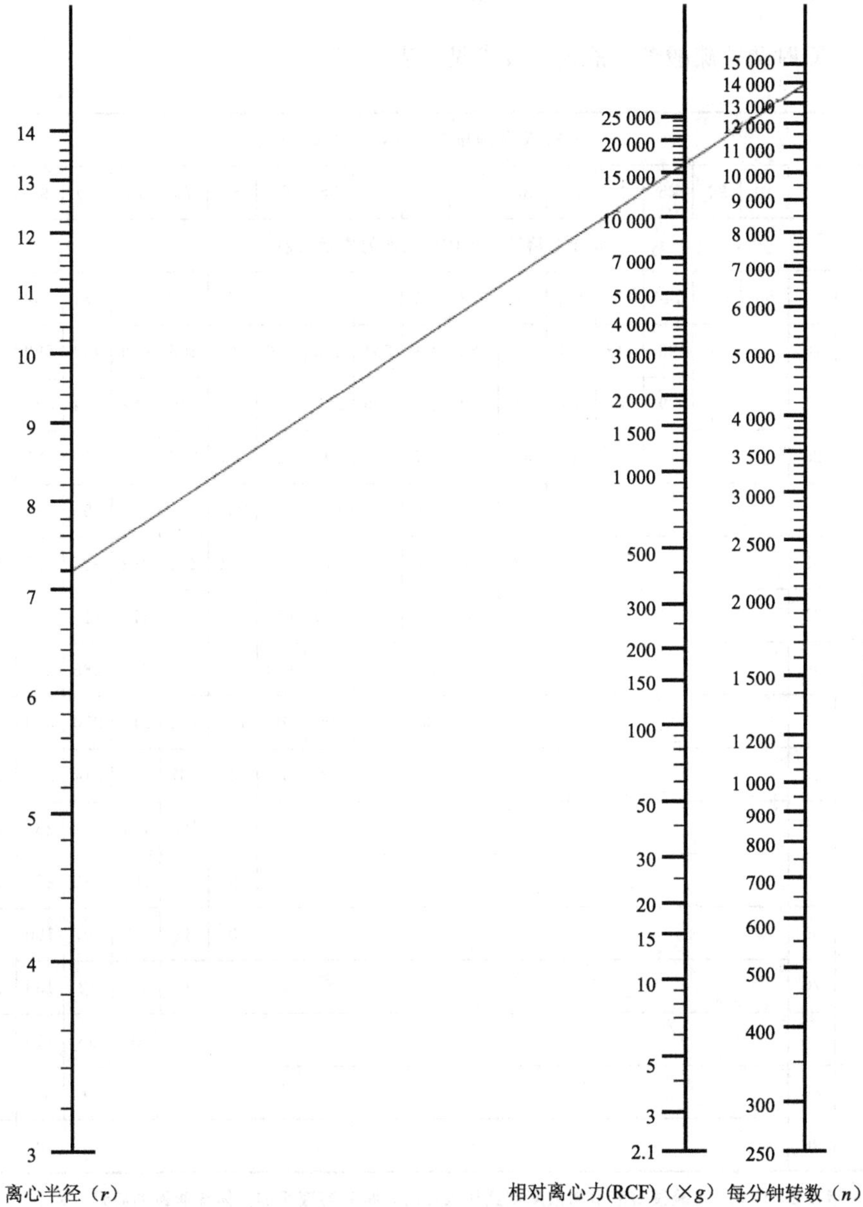

图 1　离心机转数与相对离心力的换算

七、硫酸铵饱和度的常用表

（一）调整硫酸铵溶液饱和度计算表

25℃时调整硫酸铵溶液饱和度参见下表。

	在 25 ℃硫酸铵终浓度，饱和度/%																
	10	20	25	30	33	35	40	45	50	55	60	65	70	75	80	90	100
	每 1 L 溶液加固体硫酸铵的质量（g）*																
硫酸铵的初浓度，饱和度/% 0	56	114	144	176	196	209	243	277	313	351	390	430	472	516	561	662	767
10	0	57	86	118	137	150	183	216	251	288	326	365	406	449	494	592	694
20		0	29	59	78	91	123	155	189	225	262	300	340	382	424	520	619
25			0	30	49	61	93	125	158	193	230	267	307	348	390	485	583
30				0	19	30	62	94	127	162	198	235	273	314	356	449	546
33					0	12	43	74	107	142	177	214	252	292	333	426	522
35						0	31	63	94	129	164	200	238	278	319	411	506
40							0	31	63	97	132	168	205	245	285	375	469
45								0	32	65	99	134	171	210	250	339	431
50									0	33	66	101	137	176	214	302	392
55										0	33	67	103	141	179	264	353
60											0	34	69	105	143	227	314
65												0	34	70	107	190	275
70													0	35	72	153	237
75														0	36	115	198
80															0	77	157
90																0	79

* 指在 25 ℃下，硫酸铵溶液由初浓度调到终浓度时，每升溶液所加固体硫酸铵的质量（g）。

（二）调整硫酸铵溶液饱和度计算表

0℃时调整硫酸铵溶液饱和度参见下表。

硫酸铵的初浓度，饱和度/%	在 0 ℃硫酸铵终浓度，浓度/%																
	20	25	30	35	40	45	50	55	60	65	70	75	80	85	90	95	100
	每 100 mL 溶液加固体硫酸铵的质量（g）*																
0	10.6	13.4	16.4	19.4	22.6	25.8	29.1	32.6	36.1	39.8	43.6	47.6	51.6	55.9	60.3	65.0	69.7
5	7.9	10.8	13.7	16.6	19.7	22.9	26.2	29.6	33.1	36.8	40.5	44.4	48.4	52.6	57.0	61.5	66.2
10	5.3	8.1	10.9	13.9	16.9	20.0	23.3	26.6	30.1	33.7	37.4	41.2	45.2	49.3	53.6	58.1	62.7
15	2.6	5.4	8.2	11.1	14.1	17.2	20.4	23.7	27.1	30.6	34.3	38.1	42.0	46.0	50.3	54.7	59.2
20	0	2.7	5.5	8.3	11.3	14.3	17.5	20.7	24.1	27.6	31.2	34.9	38.7	42.7	46.9	51.2	55.7
25		0	2.7	5.6	8.4	11.5	14.6	17.9	21.1	24.5	28.0	31.7	35.5	39.5	43.6	47.8	52.2
30			0	2.8	5.6	8.6	11.7	14.8	18.1	21.4	24.9	28.5	32.3	36.2	40.2	44.5	48.8
35				0	2.8	5.7	8.7	11.8	15.1	18.4	21.8	25.4	29.1	32.9	36.9	41.0	45.3
40					0	2.9	5.8	8.9	12.0	15.3	18.7	22.2	25.8	29.6	33.5	37.6	41.8
45						0	2.9	5.9	9.0	12.3	15.6	19.0	22.6	26.3	30.2	34.2	38.3
50							0	3.0	6.0	9.2	12.5	15.9	19.4	23.0	26.8	30.8	34.8
55								0	3.0	6.1	9.3	12.7	16.1	19.7	23.5	27.3	31.3
60									0	3.1	6.2	9.5	12.9	16.4	20.1	23.1	27.9
65										0	3.1	6.3	9.7	13.2	16.8	20.5	24.4
70											0	3.2	6.5	9.9	13.4	17.1	20.9
75												0	3.2	6.6	10.1	13.7	17.4
80													0	3.3	6.7	10.3	13.9
85														0	3.4	6.8	10.5
90															0	3.4	7.0
95																0	3.5
100																	0

* 指在 0℃下，硫酸铵溶液由初浓度调到终浓度时，每 100 mL 溶液所加固体硫酸铵的质量（g）。

八、实验室常用仪器

(一) 电热恒温水浴

电热恒温水浴用于恒温、加热、消毒及蒸发等。常用的有 2 孔、4 孔、6 孔和 8 孔。工作温度从室温以上至 100 ℃。

(1) 使用方法。

1) 关闭水浴底部外侧的放水阀门，向水浴中注入蒸馏水至适当的深度。加蒸馏水是为了防止水浴槽体（铝板或铜板）被侵蚀。

2) 将电源插头接在插座上，合上电闸。插座的粗孔必须安装接地线。

3) 将调温旋钮沿顺时针方向旋转至适当温度位置。

4) 打开电源开关，接通电源，红灯亮，表示电炉丝通电开始加热。

5) 在恒温过程中，当温度升到所需的温度时，沿逆时针方向旋转调温旋钮至红灯熄灭，绿灯亮为止。此后，红绿灯就不断熄、亮，表示恒温控制发生作用。

6) 调温旋钮刻度盘的数字并不表示恒温水浴内的温度。随时记录调温旋钮在刻度盘上的位置与恒温水浴内温度计指示的温度的关系，在多次使用的基础上，可以比较迅速地调节，得到需要控制的温度。

7) 使用完毕，关闭电源开关，拉下电闸，拔下插头。

8) 若较长时间不使用，应将调温旋钮退回零位，并打开放水阀门，放尽水浴槽内的全部存水。

(2) 注意事项。

1) 水浴内的水位绝对不能低于电热管，否则电热管将被烧坏。

2) 控制箱内部切勿受潮，以防漏电损坏。

3) 初次使用时，应加入与所需温度相近的水后再通电，水箱内无水时切勿接通电源。

4) 使用过程中应注意随时盖上水浴槽盖，防止水箱内水被蒸干。

5) 调温旋钮刻度盘的刻度并不准确地表示水温，实际水温应以温度计读数为准。

(二) 酸度计

1. 使用方法

(1) 安装。

1）电源的电压与频率必须符合仪器铭牌上所指明的数据，同时必须接地良好，否则在测量时可能指针不稳。

2）仪器配有玻璃电极和甘汞电极。将玻璃电极的胶木帽夹在电极夹的小夹子上，将甘汞电极的金属帽夹在电极夹的大夹子上。可利用电极夹上的支头螺丝调节两个电极的高度。

3）玻璃电极在初次使用前，必须在蒸馏水中浸泡 24 h 以上。平常不用时也应浸泡在蒸馏水中。

4）甘汞电极在初次使用前，应浸泡在饱和氯化钾溶液内，不要与玻璃电极同泡在蒸馏水中。不使用时也浸泡在饱和氯化钾溶液中或用橡胶帽套住甘汞电极的下端毛细孔。

（2）校正。

1）将“pH-mv”开关拨到 pH 位置。

2）打开电源开关，指示灯亮，预热 30 min。

3）取下放蒸馏水的小烧杯，并用滤纸轻轻吸去玻璃电极上的多余水珠。在小烧杯内加入选择好的，已知 pH 的标准缓冲溶液，将电极浸入。注意使玻璃电极端部小球和甘汞电极的毛细孔浸在溶液中。轻轻摇动小烧杯使电极所接触的溶液均匀。

4）根据标准缓冲液的 pH，将量程开关拧到 0～7 或 7～14 处。

5）调节控温钮，使旋钮指示的温度与室温同。

6）调节零点，使指针指在 pH 7 处。

7）轻轻按下或稍许转动读数开关使开关卡住。调节定位旋钮，使指针恰好指在标准缓冲液的 pH 数值处。放开读数开关，重复操作，直至数值稳定为止。

8）校正后，切勿再旋动定位旋钮，否则需重新校正。取下标准液小烧杯，用蒸馏水冲洗电极。

（3）测定。

1）将电极上多余的水珠吸干或用被测溶液冲洗 2 次，然后将电极浸入被测溶液中，并轻轻转动或摇动小烧杯，使溶液均匀接触电极。

2）被测溶液的温度应与标准缓冲溶液的温度相同。

3）校正零位，按下读数开关，指针所指的数值即是待测液的 pH。若在量程 pH 0～7 范围内测定时指针读数超过刻度，则应将量程开关置于 pH 7～14 处再测定。

4）测定完毕，放开读数开关后，指针必须指在 pH 7 处，否则重新调整。

5）关闭电源，冲洗电极，并按照前述方法浸泡。

2. 注意事项

(1) 防止仪器与潮湿气体接触。潮气的侵入会降低仪器的绝缘性，使其灵敏度、精确度、稳定性都降低。

(2) 玻璃电极小球的玻璃膜极薄，容易破损。切忌与硬物接触。

(3) 玻璃电极的玻璃膜不要沾上油污，如不慎沾有油污可先用四氯化碳或乙醚冲洗，再用乙醇冲洗，最后用蒸馏水洗净。

(4) 甘汞电极的氯化钾溶液中不允许有气泡存在，其中有极少结晶，以保持饱和状态。如果结晶过多，毛细孔堵塞，最好重新灌入新的饱和氯化钾溶液。

(5) 如果酸度计指针抖动严重，应更换玻璃电极。

(三) 722 型分光光度计操作规程

(1) 将灵敏度旋钮调置“1”档，(放大倍率最小)。

(2) 开启电源，指标灯亮，选择开关置于“T”。

(3) 打开试样室盖（光门自动关闭），调节“0%T”旋钮，使数字显示为“000.0”。

(4) 将装有溶液的比色杯放置比色架中。

(5) 旋动仪器波长手轮，将测试所需的波长调节至刻度线处。

(6) 盖上样品室盖，将参比溶液比色杯置于光路，调节透光率“100”旋钮，使数字显示为100%T［如果显示不到100%T，则可适当增加灵敏度的挡数。同时应重复规程 (3)，调整仪器的“000.0”］。

(7) 将被测溶液置于光路中，数字表上直接读出被测溶液的透光率 (T) 值。

(8) 吸光度 *A* 的测量。参照规程 (3)、规程 (6) 调整仪器的“000.0”和“100.0”，将选择开关置于 A 旋动吸光度调零旋钮，使得数字显示为 0.000，然后移入被测溶液，显示值即为试样的吸光度 A 值。

(9) 浓度 *c* 的测量。选择开关由 A 旋至 C，将已标定浓度的溶液移入光路，调节浓度旋钮，使得数字显示为标定值，将被测溶液移入光路，即可读出相应的浓度值。

(四) 753 型 (53W) 紫外/可见分光光度计操作规程

(1) 向右推开试样室盖，开显示箱电源开关，波段选择开关置于“T”，调节“0%T”旋钮，使显示器为“0.000”。

(2) 光源电气箱电源开关向上，指示灯亮，钨灯开关向上，指示灯亮，溴钨灯亮。氘灯开关向上，指示灯亮，点燃开关向下2～3s后迅速拨向上，指示灯亮，氘灯点燃。

(3) 用波长手轮选择波长，到位时的手轮旋转方向要固定，使用波长在200～350 nm范围内，将光源转换手柄置于“氘灯”处，在350～800 nm范围内，将手柄置于“钨灯”处。

(4) 检查T-A转换的精度，将波段选择开关置于“T”，池架第一孔置于光路，调节“100→0”旋钮，使显示为“1.000”。开关置于“A”应显示“0.000”，若有偏差用小改锥调节侧面“0A”。同理将“T”调到“0.100”，“A”应显示为“1.000”，若有偏差调节“1A”。再检查T=0.500时，应有A=0.301。

(5) 狭缝尽可能选用2 nm，或者用4 nm。

(6) 向右推开试样室盖，放入待测的参比杯和样品杯，参比杯必须放在池架的第一孔内。再将盖向左推回，用拉杆将参比液推入光路，波段选择开关置于“A”，调节“100→0”旋钮。使显示值为“0.000”，用拉杆将样品液推入光路，显示值即为被测样品的吸光度“A”。

(五) 各种仪器的使用注意事项

1. 普通离心机

(1) 离心前必须仔细检查转头各孔内有无异物。

(2) 离心管必须仔细平衡。

(3) 机内若不清洁，离心管要用塑料薄膜封口。

(4) 必须慢启动，然后加速。

(5) 离心时不准开盖。

(6) 不准用手刹车。

2. 高速冷冻离心机

(1) 未经过培训和考核者不能使用。

(2) 选择合适的转头和转速，绝不可超速使用。

(3) 选择合适的温度，通常4 ℃，除有机溶剂外不要低于零下，以免冰冻，损坏离心管和转头。

(4) 转头使用前必须用擦孔棒将管孔擦净，并仔细检查有无裂痕和孔底白斑。若有则转头报废。

（5）离心管内装载的溶液量必须合适，不锈钢管无盖，只能装 2/3，塑料管可装至“肩”部。管盖必须盖严绝不允许漏液。空管离心会变形。塑料管使用有机溶剂时必须符合相关规定。

（6）离心管必须成对或成三角形放置，必须严格平衡。

（7）不允许无转头空转，放取转头必须用手柄，以防转头滑落。转头要轻放、卡稳，旋下手柄时要用手扶住手柄只转转头。转头盖要盖严，无盖不准离心。

（8）离心时不准打开机盖，不准扒扶在离心机上，如有异常声音和振动时立即停机。

（9）转头使用后必须及时由转头室中取出、擦干，用擦孔棒将管孔仔细擦净。如有溶液溢出必须清洗干净，擦净转头室内凝水，并开门晾干转头室。

（10）使用离心机常需要预约，用后必须登记。

3. 分光光度计

（1）必须正确使用比色杯。

1）不可用手、滤纸、毛刷等摩擦透光面，只能用绸布和擦镜纸擦。

2）必须彻底洗净，比色杯如果被染上了颜色，必须及时用乙醇洗涤，绝不可用乙醇、丙酮浸泡。

3）比色杯内溶液不可过满或过少。

4）拖动池架要轻，要到位。

5）比色杯内废液要倒入废液瓶，绝不允许洒在地上。

6）要区分参比杯和样品杯，不可随意互换。

7）石英杯不准放在台面上。只准放在仪器内或盒内，以防打破。

（2）光源的反光镜拨杆要放置正确、到位。

（3）仪器使用完毕必须及时关闭全部电源，要节约氘灯的使用。

4. 电子天平（奥豪斯天平）

（1）检查天平是否保持水平。

（2）按“＞0/T＜”键开机，显示全部字符后接着显示 0.0000 g，空容器或称量纸置于秤盘上，按“＞0/T＜”键回零。

（3）不准在秤盘上直接称试剂。

（4）称量完毕必须将天平复位，将天平内和台面清扫干净。试剂瓶盖原位放好。

(5) 关机时按住“Mode Off”键至显示 OFF 后松开。

5. 超声波清洗器

(1) 槽内无水不准开机。

(2) 被清洗物品必须放在铁丝网上。主机上不准洒上水。

(3) 打开电源“低压”开关，必须预热 3～5 min 后，方可开“高压”开关。

(4) 不可连续超声时间过长，槽内水温不可超过 60 ℃。

6. 烘箱

(1) 烘干用 110 ℃，灭菌用 180 ℃，不可超温，不要随意旋动温度设定旋钮。

(2) 一般不要使用 15 A 的第 3 档升温。

(3) 风机不要长时间运转，尽量用自然通风。

(4) 烘箱不可开着过夜。

(5) 从烘箱内取放物品时千万不可碰断水银温度计。

(6) 烘箱门要关严。

附　录　二

相当于氧化亚铜质量的葡萄糖、甲糖、乳糖（含水）、转化糖质量表　　单位：毫克

氧化亚铜	葡萄糖	果糖	乳糖（含水）	转化糖	氧化亚铜	葡萄糖	果糖	乳糖（含水）	转化糖
11.3	4.6	5.1	7.7	5.2	42.8	18.2	20.1	29.1	19.4
12.4	5.1	5.6	8.5	5.7	43.9	18.7	20.6	29.9	19.9
13.5	5.6	6.1	9.3	6.2	45.0	19.2	21.1	30.6	20.4
14.6	6.0	6.7	10.0	6.7	46.2	19.7	21.7	31.4	20.9
15.8	6.5	7.2	10.8	7.2	47.3	20.1	22.2	32.2	21.4
16.9	7.0	7.7	11.5	7.7	48.4	20.6	22.8	32.9	21.9
18.0	7.5	8.3	12.3	8.2	49.5	21.1	23.3	33.7	22.4
19.1	8.0	8.8	13.1	8.7	50.7	21.6	23.8	34.5	22.9
20.3	8.5	9.3	13.8	9.2	51.8	22.1	24.4	35.2	23.5
21.4	8.9	9.9	14.6	9.7	52.9	22.6	24.9	36.0	24.0
22.5	9.4	10.4	15.4	10.2	54.0	23.1	25.4	36.8	24.5
23.6	9.9	10.9	16.1	10.7	55.2	23.6	26.0	37.5	25.0
24.8	10.4	11.5	16.9	11.2	56.3	24.1	26.5	38.3	25.5
25.9	10.9	12.0	17.7	11.7	57.4	24.6	27.1	39.1	26.0
27.0	11.4	12.5	18.4	12.3	58.5	25.1	27.6	39.8	26.5
28.1	11.9	13.1	19.2	12.8	59.7	25.6	28.2	40.6	27.0
29.3	12.3	136.	19.9	13.3	60.8	26.1	28.7	41.4	27.6
30.4	12.8	14.2	20.7	13.8	61.9	26.5	29.2	42.1	28.1
31.5	13.3	14.7	21.5	14.3	63.0	27.0	29.8	42.9	28.6
32.6	13.8	15.2	22.2	14.8	64.2	27.5	30.3	43.7	29.1
33.8	14.3	15.8	23.0	15.3	65.3	28.0	30.9	44.4	29.6
34.9	14.8	16.3	23.8	15.8	66.4	28.5	31.4	45.2	30.1
36.0	15.3	16.8	24.5	16.3	67.6	29.0	31.9	46.0	30.6
37.2	15.7	17.4	25.3	16.8	68.7	29.5	32.5	46.7	31.2
38.3	16.2	17.9	26.1	17.3	69.8	30.0	33.0	47.5	31.7
39.4	16.7	18.4	26.8	17.8	70.9	30.5	33.6	48.3	32.2
40.5	17.2	19.0	27.6	18.3	72.1	31.0	34.1	49.0	32.7
41.7	17.7	19.5	28.4	18.9	73.2	31.5	34.7	49.8	33.2

续表

氧化亚铜	葡萄糖	果糖	乳糖（含水）	转化糖	氧化亚铜	葡萄糖	果糖	乳糖（含水）	转化糖
74.3	32.0	35.2	50.6	33.7	112.6	49.0	53.8	76.7	51.5
75.4	32.5	35.8	51.3	34.3	113.7	49.5	54.4	77.4	52.0
76.6	33.0	36.3	52.1	34.8	114.8	50.0	54.9	78.2	52.5
77.7	33.5	36.8	52.9	35.3	116.0	50.6	55.5	79.0	53.0
78.8	34.0	37.4	53.6	35.8	117.1	51.1	56.0	79.7	53.6
79.8	34.5	37.9	54.4	36.3	118.2	51.6	56.6	80.5	54.1
81.1	35.0	38.5	55.2	36.8	119.3	52.1	57.1	81.3	54.6
82.2	35.5	39.0	55.9	37.4	120.5	52.6	57.7	82.1	55.2
83.3	36.0	39.6	56.7	37.9	121.6	53.1	58.2	82.8	55.7
84.4	36.5	40.1	57.5	38.4	122.7	53.6	58.8	83.6	56.2
85.6	37.0	40.7	58.2	38.9	123.8	54.1	59.3	84.4	56.7
86.7	37.5	41.2	59.0	39.4	125.0	54.6	59.9	85.1	57.3
87.8	38.0	41.7	59.8	40.0	126.1	55.1	60.4	85.9	57.8
88.9	38.5	42.3	60.5	40.5	127.2	55.6	61.0	86.7	58.3
90.1	39.0	42.8	61.3	41.0	128.3	56.1	61.6	87.4	58.9
91.2	39.5	43.4	62.1	41.5	129.5	56.7	62.1	88.2	59.4
92.3	40.0	43.9	62.8	42.0	130.6	57.2	62.7	89.0	59.9
93.4	40.5	44.5	63.6	42.6	131.7	57.5	63.2	89.8	60.4
94.6	41.0	45.0	64.4	43.1	132.8	58.2	63.8	90.5	61.0
95.7	41.5	45.6	65.1	43.6	134.0	58.7	64.3	91.3	61.5
96.8	42.0	46.1	65.9	44.1	135.1	59.2	64.9	92.1	62.0
97.9	42.5	46.7	66.7	44.7	136.2	59.7	65.4	92.8	62.6
99.1	43.0	47.2	67.4	45.2	137.4	60.2	66.0	93.6	63.1
100.2	43.5	47.8	68.2	45.7	138.5	60.7	66.5	94.4	63.6
101.3	44.0	48.3	69.0	46.2	139.6	61.3	67.1	95.2	64.2
102.5	44.5	48.9	69.7	46.7	140.7	61.8	67.7	95.9	64.7
103.6	45.0	49.4	70.5	47.3	141.9	62.3	68.2	96.7	65.2
104.7	45.5	50.0	71.3	47.8	143.0	62.8	68.8	97.5	65.8
105.8	46.0	50.5	72.1	48.3	144.1	63.3	69.3	98.2	66.3
107.0	46.5	51.5	72.8	48.8	145.2	63.8	69.9	99.0	66.8
108.1	47.0	51.6	73.6	49.4	146.4	64.3	70.4	99.8	67.4
109.2	47.5	52.2	74.4	49.9	147.5	64.9	71.0	100.6	67.9
110.3	48.0	52.7	75.1	50.4	148.6	65.4	71.6	101.3	68.4
111.5	48.5	53.3	75.9	50.9	149.7	65.9	72.1	102.1	69.0

续表

氧化亚铜	葡萄糖	果糖	乳糖（含水）	转化糖	氧化亚铜	葡萄糖	果糖	乳糖（含水）	转化糖
150.9	66.4	72.7	102.9	69.5	189.1	84.1	91.8	129.1	87.8
152.0	66.9	73.2	103.6	70.0	190.3	84.6	92.3	129.9	88.4
153.1	67.4	73.8	104.4	70.6	191.4	85.2	92.2	130.7	88.9
154.2	68.0	74.3	105.2	71.1	192.5	85.7	93.5	131.5	89.5
155.4	68.5	74.9	106.0	71.6	193.6	86.2	94.0	132.2	90.0
156.5	69.0	75.5	106.7	72.2	194.8	86.7	94.6	133.0	90.6
157.6	69.5	76.0	107.5	72.7	195.9	87.3	95.2	133.8	91.1
158.7	70.0	76.6	108.3	73.2	197.0	87.8	95.7	134.6	91.7
159.9	70.5	77.1	109.0	73.8	198.1	88.3	96.3	135.3	92.2
161.0	71.1	77.7	109.8	74.3	199.3	88.9	96.9	136.1	92.8
162.1	71.6	78.3	110.6	74.9	200.4	89.4	97.4	136.9	93.3
163.2	72.1	78.8	111.4	75.4	201.5	89.9	98.0	137.7	93.8
164.4	72.6	79.4	112.1	75.9	202.7	90.4	98.6	138.4	94.4
165.5	73.1	80.0	112.9	76.5	203.8	91.0	99.2	139.2	94.9
166.6	73.7	80.5	113.7	77.0	204.9	91.5	99.7	140.0	95.5
167.8	74.2	81.1	114.4	77.6	206.0	92.0	100.3	140.8	96.0
168.9	74.7	81.6	115.2	78.1	207.2	92.6	100.9	141.5	96.6
170.0	75.2	82.2	116.0	78.6	208.3	93.1	101.4	142.3	97.1
171.1	75.7	82.8	116.8	79.2	209.4	93.6	102.0	143.1	97.7
172.3	76.3	83.8	117.5	79.7	210.5	94.2	102.6	143.9	98.2
173.4	76.8	83.9	118.3	80.3	211.7	94.7	103.1	144.6	98.8
174.5	77.3	84.4	119.1	80.8	212.8	95.2	103.7	145.4	99.3
175.6	77.8	85.0	119.9	81.3	213.9	95.7	104.3	146.2	99.9
176.8	78.3	85.6	120.6	81.9	215.0	96.3	104.8	147.0	100.4
177.9	78.9	86.1	121.4	82.4	216.2	96.8	105.4	147.7	101.0
179.0	79.4	86.7	122.2	83.0	217.3	97.3	106.0	148.5	101.5
180.1	79.9	87.3	122.9	83.5	218.4	97.9	106.6	149.3	102.1
181.3	80.4	87.8	123.7	84.0	219.5	98.4	107.1	150.1	102.6
182.4	81.0	88.4	124.5	84.6	220.7	98.9	107.7	150.8	103.2
183.5	81.5	89.0	125.3	85.1	221.8	99.5	108.3	151.6	103.7
184.5	82.0	89.5	126.0	85.7	222.9	100.0	108.8	152.4	104.3
185.8	82.5	90.1	126.8	86.2	224.0	100.5	109.4	153.2	104.8
186.9	83.1	90.6	127.6	86.8	225.2	101.1	110.0	153.9	105.4
188.0	83.6	91.2	128.4	87.3	226.3	101.6	110.6	154.7	106.0

续表

氧化亚铜	葡萄糖	果糖	乳糖（含水）	转化糖	氧化亚铜	葡萄糖	果糖	乳糖（含水）	转化糖
227.4	102.2	111.1	155.5	106.5	265.7	120.6	130.8	181.9	125.5
228.5	102.7	111.7	156.3	107.1	266.8	121.1	131.3	182.7	126.1
229.7	103.2	112.3	157.0	107.6	268.0	121.7	131.9	183.5	126.6
230.8	103.8	112.9	157.8	108.2	269.1	122.2	132.5	184.3	127.2
231.9	104.3	113.4	158.6	108.7	270.2	122.7	133.1	185.1	127.8
233.1	104.8	114.0	159.4	109.3	271.3	123.3	133.7	185.8	128.3
234.2	105.4	114.6	160.2	109.8	272.5	123.8	134.2	186.6	128.9
235.3	105.9	115.2	160.9	110.4	273.6	124.4	134.8	187.4	129.5
236.4	106.5	115.7	161.7	110.9	274.7	124.9	135.4	188.2	130.0
237.6	107.0	116.3	162.5	111.5	275.8	125.5	136.0	189.0	130.6
238.7	107.5	116.9	163.3	112.1	277.0	126.0	136.6	189.7	131.2
239.8	108.1	117.5	164.0	112.6	278.1	126.6	137.2	190.5	131.7
240.9	108.6	118.0	164.8	113.2	279.2	127.1	137.7	191.3	132.3
242.1	109.2	118.6	165.6	113.7	280.3	127.7	138.3	192.1	132.9
243.1	109.7	119.2	166.4	114.3	281.5	128.2	138.9	192.9	133.4
244.3	110.2	119.8	167.1	114.9	282.6	128.8	139.5	193.6	134.0
245.4	110.8	120.3	167.9	115.4	283.7	129.3	140.1	194.4	134.6
246.6	111.3	120.9	168.7	116.0	284.8	129.9	140.7	195.2	135.1
247.7	111.9	121.5	169.5	116.5	286.0	130.4	141.3	196.0	135.7
248.8	112.4	122.1	170.3	117.1	287.1	131.0	141.8	196.8	136.3
249.9	112.9	122.6	171.0	117.6	288.2	131.6	142.4	197.5	136.8
251.1	113.5	123.2	171.8	118.2	289.3	132.1	143.0	198.3	137.4
252.2	114.0	123.8	172.6	118.8	290.5	132.7	143.6	199.1	138.0
253.3	114.6	124.4	173.4	119.3	291.6	133.2	144.2	199.9	138.6
254.4	115.1	125.0	174.2	119.9	292.7	133.8	144.8	200.7	139.1
255.6	115.7	125.5	174.9	120.4	293.8	134.3	145.4	201.4	139.7
256.7	116.2	126.1	175.7	121.0	295.0	134.9	145.9	202.2	140.3
257.8	116.7	126.7	176.5	121.6	296.1	135.4	146.5	203.0	140.8
258.9	117.3	127.3	177.3	122.1	297.2	136.0	147.1	203.8	141.4
260.1	117.8	127.9	178.1	122.7	298.3	136.5	147.7	204.6	142.0
261.2	118.4	128.4	178.8	123.3	299.5	137.1	148.3	205.3	142.6
262.3	118.9	129.0	179.6	123.8	300.6	137.7	148.9	206.1	143.1
263.4	119.5	129.6	180.4	124.4	301.7	138.2	149.5	206.9	143.7
264.6	120.0	130.2	181.2	124.9	302.9	138.8	150.1	207.7	144.3

续表

氧化亚铜	葡萄糖	果糖	乳糖（含水）	转化糖	氧化亚铜	葡萄糖	果糖	乳糖（含水）	转化糖
304.0	139.3	150.6	208.5	144.8	342.3	158.2	170.8	235.1	164.5
305.1	139.9	151.2	209.2	145.4	343.4	159.0	171.4	235.9	165.1
306.2	140.4	151.8	210.0	146.0	344.5	159.6	172.0	236.7	165.7
307.4	141.0	152.4	210.8	146.6	345.6	160.2	172.6	237.4	166.3
308.5	141.6	153.0	211.6	147.1	346.8	160.7	173.2	238.2	166.9
309.6	142.1	153.6	212.4	147.7	347.9	161.3	173.8	239.0	167.5
310.7	142.7	154.2	213.2	148.3	349.0	161.9	174.4	239.8	168.0
311.9	143.2	154.8	214.0	148.9	350.1	162.5	175.0	240.6	168.6
313.0	143.8	155.4	214.7	149.4	351.3	163.0	175.6	241.4	169.2
314.1	144.4	156.0	215.5	150.0	352.4	163.6	176.2	242.2	169.8
315.2	144.9	156.5	216.3	150.6	353.5	164.2	176.8	243.0	170.4
316.4	145.5	157.1	217.1	151.2	354.6	164.7	177.4	243.7	171.0
317.5	146.0	157.7	217.9	151.8	355.8	165.3	178.0	244.5	171.6
318.6	146.6	158.3	218.7	152.3	356.9	165.9	178.6	245.3	172.2
319.7	147.2	158.9	219.4	152.9	358.0	166.5	179.2	246.1	172.8
320.9	147.7	159.5	220.2	153.5	359.1	167.0	179.8	246.9	173.3
322.0	148.3	160.1	221.0	154.1	360.3	167.6	180.4	247.7	173.9
323.1	148.8	160.7	221.8	154.6	361.4	168.2	181.0	248.5	174.5
324.3	149.4	161.3	222.6	155.2	362.5	168.8	181.6	249.2	175.1
325.4	150.5	161.9	223.3	155.8	363.6	169.3	182.2	250.0	175.7
326.5	150.5	162.5	224.1	156.4	364.8	169.9	182.8	250.8	176.3
327.6	151.1	163.1	224.9	157.0	365.9	170.5	183.4	251.6	176.9
328.7	151.7	163.7	225.7	157.5	367.0	171.1	184.0	252.4	177.5
329.9	152.2	164.3	226.5	158.1	368.2	171.6	184.6	253.2	178.1
331.0	152.8	164.9	227.3	158.7	369.5	172.2	185.2	253.9	178.7
332.1	153.4	165.4	228.0	159.3	370.4	172.8	185.8	254.7	179.2
333.3	153.9	166.0	228.8	159.9	371.5	173.4	186.4	255.5	179.8
334.4	154.5	166.6	229.6	160.5	372.7	173.9	187.0	256.3	180.4
335.5	155.1	167.2	230.4	161.0	373.8	174.5	187.6	257.1	181.0
336.6	155.6	167.8	231.2	161.6	374.9	175.1	188.2	257.9	181.6
337.8	156.2	168.4	232.0	162.2	376.0	175.7	188.8	258.7	182.2
338.9	156.8	169.0	232.7	162.8	377.2	176.3	189.4	259.4	182.8
340.0	157.3	169.6	233.5	163.4	378.3	176.8	190.1	260.2	183.4
341.1	157.9	170.2	234.3	164.0	379.4	177.4	190.7	261.0	184.0

续表

氧化亚铜	葡萄糖	果糖	乳糖（含水）	转化糖	氧化亚铜	葡萄糖	果糖	乳糖（含水）	转化糖
380.5	178.0	191.3	261.8	184.6	418.8	198.0	212.0	288.7	205.0
381.7	178.6	191.9	262.6	185.2	419.9	198.5	212.6	289.5	205.7
382.8	179.2	192.5	263.4	185.8	421.1	199.1	213.3	290.3	206.3
383.9	179.7	193.1	264.2	186.4	422.2	199.7	213.9	291.1	206.9
385.0	180.3	193.7	265.0	187.0	423.3	200.3	214.5	291.9	207.5
386.2	180.9	194.3	265.8	187.6	424.4	200.9	215.1	292.7	208.1
387.3	181.5	194.9	266.6	188.2	425.6	201.5	215.7	293.5	208.7
388.4	182.1	195.5	267.4	188.8	426.7	202.1	216.3	294.3	209.3
389.5	182.7	196.1	268.1	189.4	427.8	202.7	217.0	295.0	209.9
390.7	183.2	196.7	268.9	190.0	428.9	203.3	217.6	295.8	210.5
391.8	183.8	197.3	269.7	190.6	430.1	203.9	218.2	296.6	211.1
392.9	184.4	197.9	270.5	191.2	431.2	204.5	218.8	297.4	211.8
394.0	185.0	198.5	271.3	191.8	432.3	205.1	219.5	298.2	212.4
395.2	185.6	199.2	272.1	192.4	433.5	205.7	220.1	299.0	213.0
396.3	186.2	199.8	272.9	193.0	434.6	206.3	220.7	299.8	213.6
397.4	186.8	200.4	273.7	193.6	435.7	206.9	221.3	300.6	214.2
398.5	187.3	201.0	274.4	194.2	436.8	207.5	221.9	301.4	214.8
399.7	187.9	201.6	275.2	194.8	438.0	208.1	222.6	302.2	215.1
400.8	188.5	202.2	276.0	195.4	439.1	208.7	232.2	303.0	216.0
401.9	189.1	202.8	276.8	196.0	440.2	209.3	223.8	303.8	216.7
403.1	189.7	203.4	277.6	196.6	441.3	209.9	224.4	304.6	217.3
404.2	190.3	204.0	278.4	197.2	442.5	210.5	225.1	305.4	217.9
405.3	190.9	204.7	279.2	197.8	443.6	211.1	225.7	306.2	218.5
406.4	191.5	205.3	280.0	198.4	444.7	211.7	226.3	307.0	219.1
407.6	192.0	205.9	280.8	199.0	445.8	212.3	226.9	307.8	219.8
408.7	192.6	206.5	281.6	199.6	447.0	212.9	227.6	308.6	220.4
409.8	193.2	207.1	282.4	200.2	448.1	213.5	228.2	309.4	221.0
410.9	193.8	207.7	283.2	200.8	449.2	214.1	228.8	310.2	221.6
412.1	194.4	208.3	284.0	201.4	450.3	214.7	229.4	311.0	222.2
413.2	195.0	209.0	284.8	202.0	451.5	215.3	230.1	311.8	222.9
414.3	195.6	209.6	285.6	202.6	452.6	215.9	230.1	312.6	223.5
415.4	196.2	210.2	286.3	203.2	453.7	216.5	231.3	313.4	224.1
416.6	196.8	210.8	287.1	203.8	454.8	217.1	232.0	314.2	224.7
417.7	197.4	211.4	287.9	204.4	456.0	217.8	232.6	315.0	225.4

续表

氧化亚铜	葡萄糖	果糖	乳糖（含水）	转化糖	氧化亚铜	葡萄糖	果糖	乳糖（含水）	转化糖
457.1	218.4	233.2	315.9	226.0	474.0	227.6	242.9	328.2	235.5
458.2	219.0	233.9	316.7	226.6	475.1	228.2	243.6	329.1	236.1
459.3	219.6	234.5	317.5	227.2	476.2	228.8	244.3	329.9	236.8
460.5	220.2	235.1	318.3	227.9	477.4	229.5	244.9	330.8	237.5
461.6	220.8	235.8	319.1	228.5	478.5	230.1	245.6	331.7	238.1
462.7	221.4	236.4	319.9	229.1	479.6	230.7	246.3	332.6	238.8
463.8	222.0	237.1	320.7	229.7	480.7	231.4	247.0	333.5	239.5
465.0	222.6	237.7	321.6	230.4	481.9	232.0	247.8	334.4	240.2
466.1	223.3	238.4	322.4	231.0	483.0	232.7	248.5	335.3	240.8
467.2	223.9	239.0	323.2	231.7	484.1	233.3	249.2	336.3	241.5
468.4	224.5	239.7	324.0	232.3	485.2	234.0	250.0	337.3	242.3
469.5	225.1	240.3	324.9	232.9	486.4	234.7	250.8	338.3	243.0
470.6	225.7	241.0	325.7	233.6	487.5	235.3	251.6	339.4	243.8
471.7	226.3	241.6	326.5	234.2	488.6	236.1	252.7	340.7	244.7
472.9	227.0	242.2	327.4	234.8	489.7	236.9	253.7	342.0	245.8